中国小粒咖啡
病虫草害

李荣福　王海燕　龙亚芹　主编

ZHONGGUO XIAOLI
KAFEI BINGCHONG CAOHAI

中国农业出版社

图书在版编目（CIP）数据

中国小粒咖啡病虫草害/李荣福，王海燕，龙亚芹
主编．—北京：中国农业出版社，2015.8
ISBN 978-7-109-20776-9

Ⅰ．①中… Ⅱ．①李… ②王… ③龙… Ⅲ．①咖啡-
病虫害防治-中国②咖啡-除草-中国 Ⅳ．
①S435.712②S451.22

中国版本图书馆CIP数据核字（2015）第185535号

中国农业出版社出版
（北京市朝阳区麦子店街18号楼）
（邮政编码 100125）
责任编辑 孟令洋 郭 科

北京通州皇家印刷厂印刷 新华书店北京发行所发行
2015年9月第1版 2015年9月北京第1次印刷

开本：787mm×1092mm 1/16 印张：16
字数：400千字
定价：120.00元
（凡本版图书出现印刷、装订错误，请向出版社发行部调换）

《中国小粒咖啡病虫草害》编委会

　　咖啡是世界重要的饮料作物和热带经济作物，其产量、消费量、产值都居世界三大饮料作物之首，广泛种植于热带、亚热带地区。世界咖啡种植分布于南美洲、中美洲、非洲、亚洲和大洋洲的76个国家。据统计，截至2014年年末，全世界咖啡种植面积1 082.7万hm^2，收获面积1 020.7万hm^2。2014年，世界咖啡产量880.8万t 。

　　国内，咖啡自引入云南后，种植面积不断扩大。据2014年统计，种植面积达到12.5万hm^2，是云南省热区主要经济作物和收入的主要来源。但因受自然条件和农业科技等因素的制约，种植区域和产量十分有限。咖啡适宜种植区域为热带和亚热带地区，光、水、热等条件优越，生物多样性丰富，十分有利于各类病虫草害发生与为害。国际上，咖啡锈病、褐斑病、枯萎病及灭字虎天牛、旋皮天牛、咖啡黑（枝）小蠹、果小蠹、根粉蚧是咖啡生产中的主要病虫害，对其致病机理、防控技术等方面有一定的研究。我国种植咖啡虽已有多年的历史，但长期以来，因受咖啡种植效益的影响，咖啡植保问题一直得不到人们的重视，相关研究基础薄弱，防治水平低下，不能正确识别病虫草害，病虫草为害严重时，主要依赖大量的化学杀菌剂、杀虫剂、除草剂来防治，而这些化学药剂的长期、大量使用，导致了病虫草害抗药性的形成和增强、环境污染、农药残留及大量杀伤天敌等带来的生态、生物安全隐患。近年来，随着咖啡产业的持续发展，品种、种植模式的改变，加上寒害、旱害等自然灾害的影响，植保问题日趋严重，已经成为制约咖啡产业健康发展的重要因素。

　　近年来，在国家星火计划项目、云南省科技计划项目等科研课题的支持下，国内咖啡植保领域的研究取得了一定的进

展，然而目前国内尚未见咖啡植保方面的相关书籍，有关咖啡植保技术成果和知识的推广普及亟待提高。这是本书作者们编著本书的初衷。

该书编著人员隶属云南省农业科学院咖啡研究中心，长期从事咖啡种苗、栽培、育种、病虫草害防控、加工等科研工作，是国内人才学历结构、专业配置最合理的一支科研团队。本书的出版，对普及咖啡植保知识，保障咖啡产业持续健康发展意义重大。该书对国内咖啡生产中病虫草害、天敌、缺素、药害、自然灾害等进行了详细介绍，同时也对国外威胁性、危险性病虫进行了概述。该书资料翔实、文字流畅、图文并茂，对相关科研人员、广大咖啡种植户具有重要的指导意义及参考价值。

三平华

2015年2月

　　咖啡属茜草科咖啡属植物，为多年生经济作物，也是世界重要的饮料作物和热带经济作物，其产量、消费量、产值都居世界三大饮料作物之首。咖啡富含淀粉、脂类、蛋白质、糖类、芳香物质和天然解毒物质等多种有机成分，在食品、医药工业中具有广泛用途。因此，咖啡产业在世界热带农业经济、国际贸易及人类生活中具有极其重要的地位。目前，世界咖啡种植分布于南美洲、中美洲、非洲、亚洲和大洋洲的76个国家，主产国为巴西、越南、印度尼西亚、哥伦比亚、埃塞俄比亚、印度、洪都拉斯、秘鲁、墨西哥、乌干达、危地马拉、科特迪瓦等。我国咖啡栽培历史有100多年，目前咖啡种植主要分布在云南省。近年来，随着人们对咖啡需求的迅猛增长，咖啡产业在云南乃至全国迎来绝佳的发展机遇。2010年国务院出台的《关于促进我国热带作物产业发展的意见》，以及云南省委、省政府及各级政府部门的重视与政策扶持，为进一步加快云南省咖啡产业持续健康发展提供了政策保障。当前农民种植咖啡的积极性较高，种植规模进一步扩大，据农业部发展南亚热带作物办公室统计，截至2013年年末，全国咖啡种植面积为12.06万 hm^2，而云南种植面积为11.91万 hm^2，占全国总面积的98.73%；海南600 hm^2，四川933.33 hm^2。在云南，咖啡种植分布于保山、普洱、临沧、德宏、红河等地区，咖啡产业已经成为云南热区的主要产业之一，成为地区经济发展的重要支柱和农民增收的主要经济来源。

　　随着咖啡产业的发展，种植面积的不断扩大，新品种的引进，种植模式的变革，气候环境的变化，咖啡生产过程中病虫草害发生程度日趋严重，给咖啡生产带来很大的损失。据报道，全世界咖啡病虫害种类约有900种，其中病害有50多种，害虫有800多种。目前影响我国咖啡生产的重要病害有咖啡锈病、炭疽病、褐斑病、黑果病、煤烟病；害虫主要有灭字虎天牛、旋皮天牛、咖啡木蠹蛾、咖啡根粉蚧和咖啡绿蚧等。咖啡锈病是由咖啡驼孢锈菌引起的一种真菌性病害，是严重影响咖啡叶和产量的主要病害，被害植株轻者减产，重者死亡，对咖啡生产为害最大，可造成30%的减产。咖啡炭疽病主要为害咖啡叶片，也可蔓延到枝条和果实，引起枝条干枯；果实染病后出现黑色下陷病斑，果肉变硬并紧贴在豆粒上，最后形成僵果或落果。咖啡褐斑病是一种分布广泛的病害，为害叶片、果实，引起落叶、落果，造成一定损失。咖啡灭字虎天牛是为害小粒咖啡的首要害虫，以幼虫钻蛀树干木质部为害，致整枝干枯或全株死亡，是制约咖啡产业发展的一大瓶颈。

为了解近年来咖啡病虫草害及天敌发生情况，编者对云南咖啡种植区咖啡园进行了系统调查及采集，本书即为调查采集标本鉴定的结果。书中系统介绍或列举了咖啡侵染性病害10种、非侵染性病害13种，虫害150余种，草害20种，天敌30余种。病害部分介绍了分布、为害症状、病原、发生规律、防治方法等内容；虫害部分介绍了分布、形态特征、为害特点、生活习性、防治方法等内容；草害重点介绍分布、生物学特性、形态特征等内容。对防治方法的描述体现在以农业防治为主，综合应用化学防治、物理防治和生物防治相结合的防治策略。天敌部分列出了每种天敌的彩色图片，有些天敌未鉴定到种，也一并列出，力图彰显天敌种类的多样性。文中图片除标注引用或他人提供外，其余均为编者亲自采集拍摄。

本书可供相关领域的研究人员、农林院校师生、从事咖啡植物保护工作的相关人员、技术推广人员及广大种植户参考。

本书的出版得到了科学技术部星火计划项目、云南省技术创新人才培养对象培养项目（No.052）和云南省科技计划项目（对外科技合作计划）的资助，谨此致谢！

本书中不妥之处，敬请有关专家、同行、读者批评指正。

编　者
2015年1月

第一章

小粒咖啡主要侵染性病害及其防治

目前，世界上已经发现的小粒咖啡病害有50多种，我国报道的有10余种。掌握咖啡产区病害的种类、分布、发生流行规律等情况，可为咖啡的引种检疫、病害的防治和研究提供科学依据。由于小粒咖啡产区冬春干旱，夏季气候炎热、雨量充沛，在栽培过程中，如果管理不到位，高温、适宜的湿度条件有利于小粒咖啡叶锈病、炭疽病、褐斑病、立枯病、美洲叶斑病等病害的发生流行。尤其是近年来，随着小粒咖啡品种种植年代延长，品种抗性退化，小粒咖啡叶锈病发生更为普遍，严重影响咖啡产量和品质，给咖啡安全生产带来严重隐患。为科学防控咖啡病害传播蔓延为害，现将小粒咖啡生产上最具威胁性的病害及其防控措施总结如下。

第一节　国内小粒咖啡主要侵染性病害识别

一、小粒咖啡叶锈病

1.分布　小粒咖啡叶锈病是世界上破坏性最大的病害，最早于1861年英国探险队在东非维多利亚湖畔发现，1868年首次在亚洲的斯里兰卡流行。由于人为、气候和栽培商业品种抗性等原因，至1966年咖啡叶锈病蔓延到亚洲、非洲各咖啡生产国；而在美洲，1970年首先在巴西北部的巴伊亚州发现，并以14年时间席卷美洲大陆咖啡种植园。因其主要为害商业种植的小粒咖啡，因此每年造成小粒咖啡的产量损失可超过30%。

1884年咖啡首先传到我国台湾。1892年法国传教士将咖啡从越南带到我国云南的宾川县，是中国大陆最早的关于咖啡种植的记载。在《中国大百科全书·农业卷》中，认为我国海南从1908年开始引种咖啡。叶锈病于1922年在台湾首次发现，1942—1947年传到广西、海南。目前全国咖啡栽培面积超过10 000hm²，主要种植于云南和海南，广东仅在徐闻县的南华农场保留有逾30hm²，而四川、广西和福建均为零星栽培，其中，小粒咖啡占栽培面积的90%以上。1950—1960年，云南大力发展咖啡生产，种植的品种主要为波邦和铁毕卡，叶锈病发生严重。1984年，该病害在保山潞江坝大面积暴发流行，

产量损失达30%以上。目前，该病害已经蔓延到整个咖啡产区，是一种毁灭性的咖啡树病害。

　　近期中美洲（哥伦比亚、哥斯达黎加、萨尔瓦多、危地马拉、尼加拉瓜）及墨西哥暴发的叶锈病是迄今为止最为严重的，其中危地马拉、哥斯达黎加等国都已宣布处于紧急状态，咖啡叶锈病已经影响到其全国70%的咖啡种植区。在中国，小粒咖啡主要种植在低海拔高温高湿地区，根据连续5年普查结果，该病害在我国咖啡产区普遍发生，尤其是湿热地区，结果多、树龄较长、树势弱的植株发病最严重，已经成为阻碍咖啡产业发展的一大瓶颈。

　　2.症状　病原菌主要为害小粒咖啡的叶片。该病害最初症状是在咖啡叶片背面出现最大直径为1～1.5mm的淡黄色小圆斑点，病斑数取决于侵染程度。在咖啡叶片正面，相应出现一些透明的侵染斑点；在叶片背面，这些斑点的直径在短时间内扩大到3mm。在此阶段，有淡黄色粉状物析出，随着病程的进展，在叶片上出现橙黄色粉状孢子堆，即病原菌夏孢子。叶片正面、背面斑点周围可见到黄绿色的模糊晕轮，病斑逐渐扩大，数个病斑连成不规则形的大病斑，以后病斑中央干枯变褐色，褐色病斑在叶片两面都可见，后期感病叶片脱落。按照Nutman等的见解，在一个叶片上能产生700多个病斑或疤状突起，许多斑点交错排列并完全覆盖住叶片。

　　3.病原

　　（1）病原菌分类　小粒咖啡叶锈病病原菌按系统分类属担子菌亚门（Basidiomycotina）冬孢菌纲（Teliomycetes）锈菌目（Uredinales）柄锈菌科（Pucciniaceae）。在中国由咖啡驼孢锈菌（*Hemileia vastatrix* Berk.et Br.）引起黄锈病；在非洲则由咖啡锈菌（*Hemileia coffeicola*）引起灰锈病。

　　（2）病原菌形态　菌丝有隔膜，分枝多，在叶片薄壁细胞间生长的夏孢子堆从叶片背面气孔长出，肾形、柠檬形或三角形，有明显的驼背，其背面密生许多圆锥形的瘤状突起，腹面光滑无刺，橙黄色。冬孢子罕见，陀螺形或不规则形，米黄色，表面光滑，基部突起，上部有乳头状突起。

　　4.发生规律　该菌以菌丝在咖啡病变组织内渡过不良环境，残留的病叶是主要侵染来源，主要以夏孢子侵染，夏孢子通过气流、风、雨、人畜和昆虫传播。大风、大雨天气不利发病。潜育期的长短与温度、湿度、海拔、叶龄、品种抗性和病原菌生理小种毒性有关。

　　（1）通常与温度关系较为密切，病原菌夏孢子萌发最适温度为20～25℃，在最适温度范围内，温度越高，潜育期越短，温度越低，潜育期越长。中国锈病流行季节，其平均温度为18～26℃，根据调查结果，云南德宏傣族景颇族自治州4月下旬至11月下旬为流行季节，普洱地区6～11月为流行季节，保山地区9月至翌年1月为流行季节；广西4～6月为流行季节；海南9～11月及翌年4～5月为流行季节。

　　（2）湿度也是该病害流行因素之一，夏孢子必须与水膜接触才能萌发，在相对湿度较高的情况下才能形成夏孢子堆和有利于夏孢子侵入。露水是云南尤其是湿热区（德宏、普洱等地）锈病流行的又一重要因素，叶面水滴停留时间越长，侵染率和为害程度越高。

（3）海拔越高，气温越低，锈病发生越轻，海拔700m以上的山区，潜育期超过30d，锈病发生不会严重。

（4）品种间的抗病性存在一定的差异，植株的感病程度，因品种和发病时间的不同而有所不同。

（5）幼树期虽有发病，但不易流行，树龄6年以上，结果过多、营养耗竭而出现早衰或因疏于管理时，生势衰弱的植株上锈病常常大流行。

因此，适当的温度、适量而均匀的降雨、较多的侵染源和易感病的、长势衰弱的植株是该病流行的基本条件。

5. 防治方法

（1）**加强检疫，建立无病苗圃，培育无病咖啡苗**　各地引种时，应严格做好检疫工作，防止病菌扩散蔓延。

（2）**农业防治**

① 咖啡园应适当种植荫蔽树，可改变园内小气候和土壤环境，同时减弱光合量使咖啡有节制地结果，保持咖啡树的正常生势，从而增强对锈病的抵抗力。

② 合理施肥，实时修剪，防止咖啡早衰，同时还能提高植株抗病力。

（3）**化学防治**　防治该病一定要以预防为主，目前铜制剂对小粒咖啡叶锈病预防效果较好，还能促进咖啡生长，增加产量。生产中使用的含铜杀菌剂，一般采果后，用0.5%～1.0%石灰半量式波尔多液200倍液来防治发病植株。进入雨季，雨后天晴，用50%氧化萎锈灵乳油1 000倍液，重点喷施叶片背面，一定程度上能够控制该病的发生，能铲除病组织内菌丝和抑制夏孢子的产生，但其黏着力差，常被雨水冲洗。波尔多液和氧化萎锈灵交替使用，在流行期间喷药2～3次即可。

附图

发病中期症状

感病后期受害叶片正面

感病后期受害叶片背面

受害植株症状

受害植株后期症状

病原菌夏孢子堆

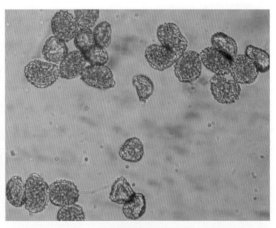

病原菌孢子

二、小粒咖啡炭疽病

1. 分布 小粒咖啡炭疽病分布广泛，全球咖啡种植区均有发生，是小粒咖啡的重要病害之一。在非洲，发生为害绿色浆果的炭疽病所造成的损失最大，严重时产量损失达80%。1987年后分别在海南兴隆、大丰农场等地发生流行，引起大量落叶、落果、枯枝，甚至整株死亡，近几年已成为咖啡主要病害之一。随着种植面积的不断扩大，该病害的发生将会更普遍、更严重。根据调查，在云南各咖啡种植区全年均有该病的发生，发病严重时，造成大量枯枝、落叶和落果，降低咖啡产量和品质。

2. 症状 该病主要发生在叶片、花、枝条、绿色浆果和成熟的浆果上，引起落叶、枯枝、落果和浆果腐烂。叶片受害初期，从叶缘侵染的叶片，叶缘呈现出不规则的淡褐色至黑褐色病斑。病斑受叶脉限制，直径约3mm，以后数个病斑汇成大病斑。这些病斑中央白色，边缘黄色，为害后期整个病斑变成灰色，其上有许多黑色小点（病原菌的分生孢子）排列成同心轮纹。枝条受害后呈凹陷病斑，随后枝条枯死，其上长出黑色小点。浆果受害后，表面初期呈现近圆形水渍状小斑点，随后病斑变成暗褐色至灰黑色凹陷病斑，其上长出粉红色黏液孢子堆，果肉变硬并紧贴在咖啡豆粒上，使得脱皮困难，严重时造成落果。

3. 病原

(1) 病原菌分类 小粒咖啡炭疽病病原菌属无性型真菌。目前国外报道的有3种：盘长孢状刺盘孢（*Colletotrichum gloeosporioid*），为害咖啡叶片、枝条和成熟浆果；咖啡刺盘孢菌（*C. coffeanum*）和咖啡炭疽病原菌（*C. kahawae*），为害绿色浆果。在中国，有关于盘长孢状刺盘孢为害咖啡叶片、枝条和成熟浆果等的报道。

(2) 病原菌形态 盘长孢状刺盘孢菌落圆形，边缘整齐明显，发病初期为白色，后期转为不同程度灰褐色，第三至五天菌落上散生大量粉红色或橘黄色孢子团，后期由粗壮的褐色菌丝形成菌核结构。分生孢子盘呈扁圆形盘状，偶见刚毛，刚毛基部褐色，上端渐淡，分隔，硬直或稍弯曲，由基部向上端渐细，端稍圆，分生孢子梗短，不分枝，无色透明。分生孢子单胞，无色，圆柱形，两头钝圆，少数一端稍细，孢子中间多数有1个油滴，大小为（14.0～15.1）μm×（5.2～5.5）μm。分生孢子萌发时中间产生一横隔，在芽管顶端产生一附着胞，附着胞呈圆形、梨形或不规则形，初为白色或亮绿色，后期变褐色，中间有一亮绿色折射点，附着胞大小为（5.67～6.30）μm×（6.64～7.43）μm。

4. 发生规律 该病害全年都可以发生。高温干旱季节发病较轻，湿度大时病害发生更严重。该病以感病的叶片、枝条和浆果为初侵染源，田间条件适宜时，病部产生分生孢子盘，其上产生分生孢子。分生孢子借雨水传播，直接由叶片、浆果、枝条表皮伤口侵入，随菌丝体的不断扩展，病斑逐渐扩大。分生孢子萌发相对湿度要求很高，在适宜的相对湿度或有水膜的情况下，温度为20℃时，持续7h才能萌发，孢子萌发后，芽管直接从叶表皮、果实和枝条的伤口侵入。病害在冷凉及高温季节，特别是长期干旱后的雨季，发生尤为严重，在云南一般从11月中旬开始出现病害，12月中下旬达到高峰期，翌年1月以后病情逐渐减轻。该病的发生与品种、果园内有无荫蔽树及咖啡管理密切相关。根据调查总结如下：

（1）节间长、枝叶稀疏的品种感病严重；节间短、枝叶稠密、咖啡浆果不易受阳光灼伤的品种相对感病轻。

（2）种植荫蔽树的咖啡园发病轻，无荫蔽树的咖啡园发病重。

（3）管理好的果园，咖啡树长势好，植株冠幅大，枝叶茂盛，病害发生轻；相反，管理差的果园，咖啡树长势差，冠幅小，枝叶稀疏，叶片、果实、枝条均易受阳光灼伤，病害发生重。

5.防治方法

（1）严格实行植物检疫，繁育和栽植无病种苗。

（2）农业措施　加强抚育管理，合理施肥，适当种植荫蔽树，中耕除草，行间覆盖，清除枯枝落叶，控制结果量，使植株生长旺盛，增强抗病能力。

（3）化学防治　在发病初期，用1%石灰半量式波尔多液100倍液、40%氧化亚铜可湿性粉剂100倍液或50%氧氯化铜悬浮剂100倍液，在发病季节每隔7d喷药1次，连喷2～3次，对防治咖啡叶片炭疽病有较好的防效。每年雨季期间，喷药1～2次，能有效地防治该病引起的枝枯病。

附图

受害叶片正面

受害叶片背面

病斑中心灰白色

病斑边缘黄色晕圈

成熟浆果受害状

绿色浆果受害状

无荫蔽的咖啡园叶片受害状

无荫蔽的咖啡园浆果受害状

枝条受害状

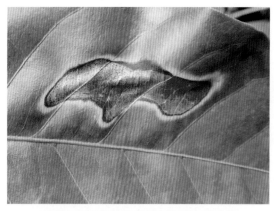

不规则形病斑及病斑周围黄色晕圈明显

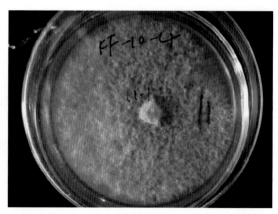

培养性状

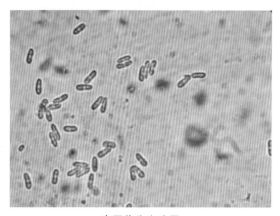

病原菌分生孢子

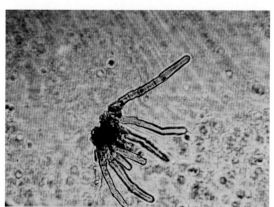

病原菌分生孢子梗

三、小粒咖啡褐斑病

1. **分布**　小粒咖啡褐斑病，又名叶斑病、眼斑病或雀眼病，是小粒咖啡苗期极为常见的病害，属世界性分布病害。在苗圃及无荫蔽咖啡园均有不同程度的发生。主要为害叶片和浆果，为害严重时引起叶片、浆果脱落，导致产量和品质降低。

2. **症状**　该病主要为害幼苗、幼树或者长势弱、无荫蔽、结果多的咖啡树叶片和浆果，中下部老熟叶片极易感病。病菌从叶片背面或正面侵染，侵染初期叶片上出现褪绿斑点，斑点扩大呈黑褐色，近圆形，边缘褐色，病斑中间灰白色，病斑正面有黑色霉状物（分生孢子梗及分生孢子），病斑外围是褪绿晕圈。阴雨天气，晕圈呈水渍状；几个病斑可合成为一个大病斑，但每个病斑中心仍有灰白色圆点清晰可辨。每片叶上出现数个病斑后叶片会变黄、枯萎下垂，最终导致落叶。叶片脱落后，病菌还能继续为害枝条。浆果受侵染后，产生近圆形病斑，随着病斑扩大，可覆盖病果，引致浆果坏死、脱落。苗圃上为害特别严重。

3. **病原**

（1）**病原菌分类**　该病病原菌为咖啡生尾孢（*Cercospora coffeicola*），属半知菌纲（Deuteromycetes）链孢霉目（Moniliales）黑霉科（Dematiaceae）尾孢属（*Cercospora*）真菌。

（2）**病原菌形态**　子实体叶片背面发生，分生孢子梗11～18根簇生，浅褐色，长圆筒形，不分枝，2～4个隔膜，1～3个膝状节，顶端圆锥截形，大小为（48～96）μm×（4.8～6.2）μm；产孢细胞合轴生，孢痕明显；分生孢子近无色至淡褐色，鞭形，顶端渐尖，基部圆锥截形至截形，10～21个隔膜，大小为（60～216）μm×（3.6～7.2）μm。有性态为咖啡生球腔菌（*Mycosphaerella coffeicola*），属子囊菌亚门真菌。该菌除为害咖啡外，还可侵染蓖麻。

4.发生规律　病原菌以菌丝潜伏在病变组织内或以分生孢子在病变组织上越冬，翌年分生孢子借风雨传播，最适温度为25℃。在叶上，孢子通过气孔侵入，在果实上则通过伤口侵入。通常，土壤贫瘠及管理粗放、无荫蔽条件下的咖啡植株发病较严重，相对湿度在95%以上有利于该病发生。

5.防治方法

（1）**农业防治**　加强栽培管理，合理施肥，适度遮阴，提高植株抗病力；发病初期，摘除病叶，采果后，清除枯枝落叶等病残体，并集中烧毁。

（2）**化学防治**　在病害流行初期喷洒1%石灰半量式波尔多液100倍液，或50%多菌灵可湿性粉剂600～800倍液，或50%苯菌灵可湿性粉剂800倍液，或50%氧氯化铜悬浮剂100倍液，隔10～15d喷施1次，连续防治2～3次。

附图

幼苗受害症状

苗床受害症状

苗期受害症状

成龄叶片受害症状

浆果受害症状

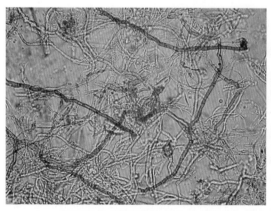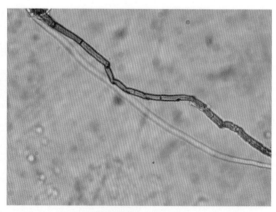

病原菌分生孢子梗和分生孢子　　　　　　病原菌分生孢子梗

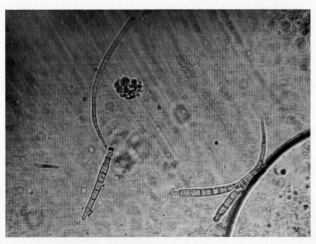
病原菌分生孢子

四、小粒咖啡幼苗立枯病

1. **分布**　小粒咖啡幼苗立枯病是小粒咖啡幼苗期的重要病害。育苗过程中幼苗受害，常造成咖啡幼苗在苗床期大面积枯死。该病害分布较为广泛，所有咖啡苗圃均有不同程度的发生。

2. **症状**　该病主要发生在与土壤交接的根茎基部，发病初期出现水渍状病斑，以后逐渐扩大，造成茎秆环状缢缩，使顶端的叶片凋萎，全株自上而下青枯、死亡。病部长出乳白色菌丝体，形成网状菌索，后期形成菌核，颜色由灰白色到褐色。初期症状不容易发现，一旦幼苗出现萎蔫似缺水症状，则表明其已受到立枯丝核菌的严重侵染为害。

3. **病原**

(1) **病原菌分类**　该病病原菌为立枯丝核菌（*Rhizoctonia solani*），属丝孢纲（Hyphomycetes）无孢目（Agonomycetales）丝核菌属（*Rhizoctonia*）真菌。

(2) **病原菌形态**　初生菌丝无色，后变黄褐色，有隔，粗 8 ～ 12μm，分枝基部缢缩，老菌丝常呈一连串桶形细胞。菌核近球形或无定形，无色或浅褐色至黑褐色。担孢子近圆形，大小为（6 ～ 9）μm×（5 ～ 7）μm。

4. **发生规律**　菌丝能直接侵入寄主，通过水流、农具传播。以菌丝体或菌核在土壤或病残体上越冬，在土中营腐生生活可存活 2 ～ 3 年。病菌发育温度 19 ～ 42℃，适温 24℃；适宜pH3 ～ 9.5，最适pH6.8。地势低洼、排水不良，土壤黏重，植株过密，发病重。阴湿多雨利于病菌入侵。最适侵染环境是营养土或营养土中有机肥带菌；种子带菌；苗床地势低洼积水；苗床浇水过多，致使营养土成泥糊状，种芽不透气；长期阴雨，光照不足，高温高湿等。

5. **防治方法**

(1) **农业防治**

① 选无病土作营养土；营养土中的有机肥要充分腐熟；苗床浇水要一次浇透，待水充分渗下后才能播种。

② 选用抗病、包衣的种子，如未包衣，则用拌种剂或浸种剂灭菌后再催芽、播种；播

种后用药土作覆盖土，但不可太厚，发病后用50%多菌灵可湿性粉剂500～800倍液喷施。

③ 加强苗期管理。出苗后，严格控制温度、湿度及采用药土围根或光照；提高地温，低洼积水地及时排水，防止高温高湿条件出现。

（2）**化学防治**　发病初期，若土壤湿度大，黏重，通透性差，要及时改良并晾晒，再用50%多菌灵可湿性粉剂800倍液、1%石灰半量式波尔多液100倍液灌根，7～10d喷1次，连续喷3～4次。用药时尽量采用浇灌法，让药液接触到受损的根茎部位，根据病情，可连用2～3次，间隔7～10d。对于根系受损严重的，配合使用促根调节剂，恢复效果更佳。

附图

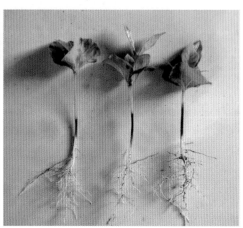

幼苗立枯病

五、小粒咖啡美洲叶斑病

1.**分布**　小粒咖啡美洲叶斑病，最早在美洲发现。1876年，在哥伦比亚发现该病害，随后在巴西、哥斯达黎加、危地马拉、委内瑞拉、尼加拉瓜、巴拿马、特立尼达和多巴哥、古巴、墨西哥、波多黎各、萨尔瓦多、洪都拉斯等10多个国家有此病为害情况的报道。该病在一些国家造成咖啡产量损失高达25%～75%，在哥斯达黎加，该病为害率达10%～15%。该病害给美洲国家造成的损失居咖啡病害的首位。在国内，于1997—1998年在云南普洱、江城等咖啡园发现该病害，目前部分咖啡园内有该病发生，但发病较轻。

2.**症状**　该病害主要为害咖啡叶片，也可为害嫩枝和果实。病害侵染叶片初期，先产生一个黑色圆形斑点，直径约1mm，中间可见有一小而圆的黄色侵染体，随后，斑点逐渐扩大，带有不清楚的边缘，病斑变老时，斑点上的颜色逐渐变浅，但侵染体仍会保留在斑点中部不易脱落，一般情况下，病斑大小为3～10mm，多数病斑为4～6mm，其典型的病斑为圆形，黄褐色至浅红褐色，病部正面稍凹陷，病部与健部交界明显，形状如鸡眼。因此在美洲发生国，人们也叫此病为"鸡眼病"。

在有些情况下，病斑的颜色也会变为奶白色或保持黑色不变。奶白色的病斑往往发生于荫蔽的植株上或植株中下部较少阳光照射的病叶上；而黑色的病斑则产生在持续高湿环境下生长的植株上。在干旱季节，发生在叶脉上的病斑向两边稍微伸长，凹陷，呈浅灰色，病部有散生的乳黄色晕圈，晕圈外多有狭窄的暗色边缘。侵染发生在叶基部的中脉上，会造成嫩叶叶柄脱离，并在老叶将要成熟时落叶。受害叶片是否脱落，主要取决于其侵染的位置，落叶影响植株产果率，从而导致产量损失。

该病害还可侵害嫩枝造成病痂，被侵染点较弱，易被风吹断；病害也可为害果实，在果实上产生浅色、褪绿、近圆形斑点，后期病部变为奶白质浅红褐色，被害果实不易脱落。在非常潮湿的情况下，病斑表面生出许多细小的浅黄色芽孢。

3. 病原

(1) **病原菌分类**　该病病原菌是橘色小菇（*Mycena citri-color*），属担子菌纲（Basidio-mycete）伞菌目（Agaricales）小菇科（Mycenaceae），为热带潮湿的山区和森林地区的习居菌。

(2) **病原菌形态**　咖啡美洲叶斑病的病原在马铃薯琼脂培养基（PDA）上生长良好，菌落白色，呈放射状向四周扩展。初期白色的菌丝紧贴培养基表面生长，很少有气生菌丝，培养3d后菌落中央可产生黄色色素，随后产生黄色的芽孢，芽孢的生长由里向外逐步扩展，几乎可以长满整个菌落。通常以营养菌丝体存在，它的菌丝呈典型的担子菌类型，菌丝细胞双核并有锁状连接。在自然界中，它可产生两种孢子，一种是无性阶段的芽孢，另一种是有性阶段的担子果。

① 芽孢。芽孢为一黄色针状结构，是作为传播病原的主要繁殖体。它由两部分组成，一个细长圆柱状，约长2mm的茎，连接一个头（芽孢体）。向上逐渐变细的茎是一个坚硬的圆柱体，当其较嫩时，直立而垂直于基质，继续生长时，它经常会或多或少弯曲，连接着芽孢体顶部的茎变得有些S状弯曲，S状弯曲部分从外看是藏于芽孢体内的。芽孢体的形状似一个扁球形，与茎连接处有一较小的颈圈，芽孢展开时，直径约0.3mm，表面中间稍微凹陷，它的中央部分由较大的拟薄壁组织围绕着，边缘较薄一层由较小而扁平的细胞组成，在萌发的时候，此薄层细胞放射出细长的分枝状有分隔的菌丝（侵染丝），使其看起来呈毛茸茸的样子。芽孢体较易脱落，尤其潮湿遇水时，会很快脱落而成为侵染的子实体。整个芽孢牢固而坚硬，细胞间的空间充满了黏液。

② 担子果。担子果黄色，由菌柄和菌盖组成，形状如一把微型的小伞，菌柄刚毛状，长0.6～1.4cm，直立、黄色，有非常细的茸毛，连接菌柄的菌盖，半球形，伞面状（钟状），菌盖薄，膜状，中间稍凹陷，边缘或多或少扁平，光洁，可透光。菌盖直径0.8～4.3mm，通常2.0mm，一般比芽孢大5倍以上，辐射状条纹7～15条，直径2.0～4.5mm，带有尖锐的边。菌褶少，离得较开，黄色，有点蜡质，三角形，在其终点变小。担子棍棒状，大小为（14～17.4）μm×5μm。担孢子非常小，椭圆形或卵形，无色，大小为（4～5）μm×（2.5～3）μm。

4. **发生规律**　该病的发生需要很高的湿度和水分，在非常潮湿的天气条件下，病斑的表面甚至一些病斑的背面产生芽孢，当其成熟时，其芽孢的头部（侵染体）遇水很容易脱落，在雨滴的冲刷下，被带往邻近的叶片。芽孢头部通过一种黏液物质附在叶片上，在其周围产生很多侵染性菌丝穿透叶片表皮，然后袭击内部叶片组织产生病斑。由于芽孢可大量产生，容易从芽孢梗分离，是最重要的繁殖结构。另外，芽孢很小，又包含有黏性物质，可将它们依附在叶面上，这样它们很容易被传播。风对芽孢的传播影响不大，因为芽孢在有雨滴时才易脱落，带有黏性物质使其不易被风吹远。

5. 防治方法

（1）**农业防治**　修剪过度荫蔽树的枝条，增加咖啡的通风透光性；除去生长旺盛的杂草，降低土壤湿度可减轻病情。

（2）**化学防治**　在发病初期喷洒含铜杀菌剂，如可喷洒50%氢氧化铜悬浮剂200倍液。

附图

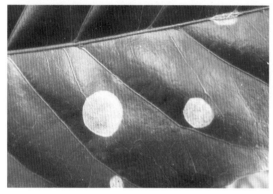

叶片受害症状

病斑上长出橘色小菇

六、小粒咖啡煤烟病

1. **分布**　小粒咖啡煤烟病是一种叶部病害，也是一种世界性分布病害。在我国小粒咖啡产区发生较普遍。该病的发生常常与介壳虫、蚜虫、白蛾蜡蝉、白粉虱等昆虫有关，荫蔽过度的咖啡园发生尤为严重。

2. **症状**　小粒咖啡煤烟病能够引起叶片、枝条、果实感病。叶片感病后叶面被煤烟状霉层覆盖而变黑，后期在叶面上散生黑色小点，容易被水冲去。被害枝条、果实也变黑，受害轻的果实表面出现黑色霉点，严重的全果变黑。多数时候在煤烟状霉层中还混有刺吸式口器害虫（如介壳虫、蚜虫等）排泄的黏质物，这类害虫除为寄生菌提供营养外，也是病菌的携带者和传播者。严重发生时，光合作用受阻，导致咖啡产量和品质降低。荫蔽和潮湿的环境有利于该病的发生流行。

3. **病原**　该病病原菌为*Capnodium brasiliense*，属子囊菌亚门（Ascomycotina）腔菌纲（Loculoascomycetes）座囊菌目（Dothideales）煤炱菌属（*Capnodium*）真菌。

4. **发生规律**　病原菌多以无性型出现在病部，以菌丝体、分生孢子及子囊孢子越冬。翌年春季环境条件适宜时，开始侵染活动。分生孢子借气流、昆虫传播，可重复侵染。当枝、叶的表面有蚜虫、介壳虫分泌物，或灰尘、植物的渗出物时，病原菌即可在其上面生长发育。凡是管理粗放、通风不良、荫蔽潮湿、虫害严重等情况，均有利于此病的发生。潮湿环境和过度荫蔽的果园易发生，一般在5～8月发病严重。

5. **防治方法**

（1）**农业防治**　控制传播媒介分泌的排泄物；减少侵染来源；及时剪除病叶并烧毁，

防止病害蔓延；加强栽培管理，合理修剪，保持树冠的通风透光性。

（2）**化学防治**　发生严重时，需防治介壳虫、蚜虫、白粉虱等。常用药剂有1%吡虫啉可湿性粉剂1 500倍液、5%啶虫脒乳油3 000倍液、25%噻虫嗪水分散粒剂3 000倍液、1.8%阿维菌素乳油2 000倍液等，能起到较好的防治效果。

附图

感病叶片和枝条　　　　　　　　　　　　　　煤烟状霉层

浆果及枝条煤烟状　　　　　　　　　　　　　感病浆果

整株感病症状　　　　　　　　　　　　　　整株浆果感病症状

七、小粒咖啡镰刀菌树皮病

1.**分布** 该病在埃塞俄比亚、马拉维、坦桑尼亚和肯尼亚等国家或地区造成严重的经济损失，1991年首次在我国云南思茅地区部分咖啡园发现。目前，在普洱、保山、瑞丽等咖啡种植园均有植株受害。

2.**症状** 该病原菌几乎能侵染小粒咖啡的各个部位，其症状取决于受害部位。浆果感染后，果柄基部有棕黑色凹陷斑，表面颜色不一，先感病的为白色，后感病的为黑色；种子受害后，在带壳咖啡豆和银皮上有蓝黑色病斑；种子萌发时病原入侵后，子叶停止展开，茎秆坏死，种苗死亡，轻者在未展开的子叶上出现具浅褐色同心纹的病斑。茎秆及徒长枝受害，通常有3种症状：

（1）嫩徒长枝基部感病后，出现棕黑色病斑，病斑边缘有黄线，最后呈带状，老徒长枝感病后，茎基明显收缩，似"茎腐"。

（2）主干和一级分枝感病后，树皮变薄、萎缩，茎秆似"突出瘤"，病部木质部为紫褐色；最终露出木质部的环形带引起收缩，叶片凋萎但仍挂在茎秆上，病原引起茎秆收缩束腰，剥开病部树皮，木质部变成棕黑色，叶片黄且出现凋萎，最终导致咖啡树死亡，这种症状在幼树上更普遍。

（3）木栓化主干受害主要是因修剪侧枝后的伤口侵染引起，在主干上已修剪的侧枝部位出现凹陷溃疡斑痕，真菌通过伤口扩散，尤其是长势较差的咖啡树更易感病受害。

3.**病原** 该病病原菌为砖红镰刀菌（*Fusarium lateritium*），属半知菌纲（Deuteromycetes）瘤座孢目（Tuberculariales）瘤座孢科（Tuberculariaceae）镰刀菌属（*Fusarium*）真菌，能侵染小粒咖啡的各个部位。

4.**发生规律** 该病病原菌能在茎基和根部停留多年而不出现症状，只有当咖啡树遭受水涝时，才出现整株突然死亡。剥开病部可看到紫粉红色斑点。如果染病时间长，木质部也会出现干腐。

5.**防治方法**

（1）**农业防治** 不能在发病区收集种子；清除死树，清除田间病残体，以免造成再侵染。

（2）**化学防治** 发病初期，可选用86.2%氧化亚铜水分散粒剂1 500～2 000倍液、5%氧氯化铜可湿性粉剂500倍液、50%多菌灵可湿性粉剂500～800倍液等药剂进行防治。

附图

感病症状

八、小粒咖啡黑果病

1. **分布** 小粒咖啡黑果病是小粒咖啡产区主要病害之一，属世界性分布病害。在云南咖啡产区发生既普遍又严重，对小粒咖啡产量和品质造成严重的影响。

2. **症状** 根据不同的病因，表现出不同的症状。根据田间调查，一般引起小粒咖啡黑果病的病因包括以下3种：

(1) **生理性枝枯干果型** 此类病害由生理性因素引起，多发生在中上层果枝上。在果实即将成熟时，先是果枝上的叶片变黄，不久后脱落。随后，果实表面出现似灼焦状的褐斑，逐渐干枯，并影响到同一植株上未结果的部分枝叶，导致果枝全部干枯，果实枯黑，仅在上部新枝梢上残留少量带褐斑的叶片。枝枯病使中层结果枝（骨干枝）大量死亡，造成树型破损。只有到翌年再发新梢，树势才有可能逐渐恢复。枝枯病特别严重的植株，如果翌年不能抽出新梢，全株即将死亡。

(2) **由虫害引起的咖啡黑果** 该类型症状表现为：因害虫（根粉蚧、灭字虎天牛、旋皮天牛等）为害咖啡根部、树干，引起植株衰弱，甚至死亡，从而导致果实枯黄萎缩，最后干瘪变黑。

(3) **真菌侵染性黑果** 包括炭疽病和褐斑病引起的黑果，前者引起的黑果症状表现为：咖啡枝条表皮层呈水渍状腐烂，带有臭味，然后在果节处沿果柄、果蒂发展，表现为腐烂、变黑、水渍状；后者引起的黑果症状表现为：发病初期幼果皮出现红褐色斑点，继而扩大成近圆形的斑块，斑块周围有淡绿色晕圈，为害严重的可扩至整个果面。发病后期病斑变成黑色，果皮干瘪，下陷，与种壳紧密黏合，不易剥离，病斑周围健康果皮早熟变红。幼果期发病，将会影响种子的发育，整个幼果变黑干枯。发病严重的植株，叶片上也出现褐斑病症状。多数情况下，挂果枝条不回枯，后期结果部位叶片脱落。该病害主要在雨季发生，树体衰弱、枝叶稀疏、无荫蔽或荫蔽性差的植株发病严重。

3. **病因** 产生该病害的病因较多，具体如下：

(1) **生理性枝枯干果型产生的病因** 此类型黑果病的发生与有无荫蔽、结果多少、土壤肥瘠、肥水管理等有密切关系。通常在干燥气候下发生，咖啡树挂果过多、树势衰弱、土壤干旱等是该病发生流行的主要因素，具体体现在：

① 挂果过多，植株衰弱，管理粗放。一些植株，初挂果时坐果率过高，后期忽视管理或管理不当，导致出现大量枯枝干果。

② 无荫蔽或荫蔽性较差，干旱导致黑果。园内无荫蔽或荫蔽性较差，土壤干旱，降雨量少，挂果第一年就表现枝枯果干。

③ 定植苗为弯根苗。根据调查，如果定植时主根弯曲，须根不发达，造成根系吸收水肥能力低，导致枝枯干果。

(2) **由虫害引起黑果的病因** 由于咖啡植株结果多、管理不当、施肥少、枝条瘦弱、植株抗虫性降低而引起。

(3) **真菌侵染性黑果** 由真菌侵染引起黑果的病因干相对湿度大，植株表面潮湿，特别是伤口处潮湿，更有利于真菌侵入。多发生在无荫蔽或植株过密，透光、通透性差的田块。

4. 发生规律　由褐斑病和炭疽病引起的黑果，一般在雨季发生；而生理性和虫害引起的黑果，则多在干旱季节发生；各种类型的黑果既可以发生在不同植株上，也可以在同一植株上表现。早期的侵染性病害造成植株衰弱，引起后期的枝条干枯，或者降低植株对害虫的抵抗能力，植株树势更加衰弱，有利于真菌的入侵和加速侵染性黑果的发展，这种相互影响，形成恶性循环，给咖啡生产带来巨大损失。

5. 防治方法　对于该病害的防治，首先要明确其致病原因，再对其选择科学合理的防治措施。

（1）农业防治　咖啡定植时，不能定植弯根苗，否则由于根系生长发育不良，导致出现枝条干枯、干果，甚至死亡；合理施肥，增强树势，抵抗病虫害侵染，从根本上避免后期黑果病的发生；采果后修剪病枝并集中烧毁，清除侵染源；咖啡园内适当种植荫蔽树。

（2）化学防治

① 雨季来临前，对咖啡园全面喷施1%石灰半量式波尔多液200倍液，药液要喷在枝条及果上，可预防真菌侵染。

② 真菌侵染性的黑果发病初期，采用25%多菌灵可湿性粉剂250倍液、50%氢氧化铜可湿性粉剂200倍液、72%农用链霉素可湿性粉剂3 000倍液，重点喷施枝条和果实，7～10d喷1次，连续2～3次。

附图

中层枝条挂果过多

枝条干枯

结果过多，枝条弱

顶梢枯死，枝条无叶，果实干枯变黑

定植弯根苗，刚挂果即产生黑果、枯枝

整株干枯

天牛为害引起叶片枯黄、脱落

天牛为害产生的黑果

感病果病斑周围果皮早熟变红

感病后期果面上有灰白色颗粒

果蒂腐烂型

结果过多，植株不能承受

果蒂腐烂型引起黑果

九、小粒咖啡细菌性叶疫病

1.分布 小粒咖啡细菌性叶疫病又称小粒咖啡晕疫病，1955年在巴西首次报道。该病严重影响了巴西高海拔地区咖啡的品质与产量。此病可引起苗床感病叶片脱落、茎尖枯萎，最终导致植株死亡。该病目前在南美洲多个咖啡种植国家均有发生，在我国咖啡产区均有发生，并造成严重影响。2011年在云南保山市潞江坝多个咖啡基地发现该病害，发病率在30%左右。2012年5月，在云南瑞丽、普洱多个咖啡育苗圃，发现该病害，发病率20%～25%，严重的田块达到40%，给当地咖啡种苗生产造成严重损失。

2.症状 该病能够引起小粒咖啡叶、枝条、幼果感病，感病初期叶片上出现暗绿色水渍状小斑点，随后扩大成不规则形的褐色病斑，病斑边缘不规则略呈波纹状，并带模糊的水渍状痕，其外围有黄色晕圈。在潮湿情况下，病斑背面渗出淡褐色溢脓，严重时引起落叶，枝条干枯，幼果坏死。主要为害新定植的幼树，造成落叶，影响树势。

3. 病原

（1）病原菌分类　该病病原菌为丁香假单胞菌咖啡致病变种（*Pseudomonas syringae* pv. garcae）。

（2）病原菌形态　菌体短杆状，两端钝圆，革兰氏染色反应阴性，鞭毛极生1根至数根。菌落圆形，乳白色，稍隆起，有光泽，不透明，表面光滑，边缘微皱。

4. 发生规律　该病以树上和脱落在地面的病叶为初侵染源，通过风雨传播，并通过自然空壳或伤口入侵。高温高湿季节有利于该病害发生，风雨是影响该病流行的主要气象因素。品种、树龄、长势也有影响。该病主要发生在生长旺盛的幼龄咖啡植株上。随着树龄增长，病害逐渐减轻，甚至消失。

5. 防治方法

（1）农业防治　搞好咖啡园卫生，及时摘除病叶。

（2）化学防治　适量喷施铜制剂，包括1%石灰半量式波尔多液100倍液、50%氢氧化铜可湿性粉剂100倍液、40%氧化亚铜可湿性粉剂100倍液等，能够起到一定的防治效果，在雨季需定期喷洒，10～15d喷施1次。

附图

感病症状

十、小粒咖啡藻斑病

1. 分布　国内外均未见小粒咖啡藻斑病详细分布报道。根据调查，在我国云南普洱思茅区、孟连傣族拉祜族佤族自治县、西盟佤族自治县等地该病普遍发生，主要分布于荫蔽度较大、湿度较大的咖啡园。

2. 症状　该病可感染叶片和枝条，以老熟叶片为主，发病初期，在叶正面先散生针头状、近十字形、灰白色或黄褐色的附着物，并逐渐向叶片四周呈放射状扩大成直径为1～10mm的毡状物，最后毡状物表面平滑略突起，呈暗褐色或灰白色。

3.病原　病原为寄生性锈藻（*Cephaleuros virescens*）。在病叶和病枝上看到的毡状物为病原的营养体，其上茸毛状物为病原藻的子实层，子实体生长有孢囊梗，顶端膨大，其上着生小梗，每小梗顶生一个游动孢子囊，圆形或卵形。游动孢子囊囊中产生30余个双鞭毛椭圆形游动孢子，成熟后遇水释放。孢囊梗细长，孢子囊较小，孢子梗长270～450μm，其上生有8～12个小梗，游走孢子囊大小为（14.5～20.3）μm×（16～23.5）μm。

4.发生规律　病原以营养体在病组织上越冬，翌年在炎热潮湿的环境条件下产生孢囊梗和孢子囊，成熟的孢子囊易脱落，孢子囊在水中释放出游动孢子，孢子囊和游动孢子借风雨传播，游动孢子自植株叶片的气孔侵入寄主组织，开始侵染活动。湿度对侵染过程有很大的影响，游动孢子的形成、游动和萌发都在雨季进行。该病的病原是一种寄生性很弱的寄生植物，通常只能为害生长较弱的咖啡树。因此，树冠密集、荫蔽过度、通风透光不良均有利于本病的发生。另外，土壤贫瘠、缺肥、积水及干燥地，易于发病。

5.防治方法

（1）**农业防治**　加强养护管理，合理施用水肥，创造通风透光的栽培条件，提高植株的抗病力；减少侵染来源，发现病叶及时摘除销毁；适当修剪，增强通风透光性，降低湿度。

（2）**化学防治**　发病初期，喷施50%多菌灵可湿性粉剂500～800倍液，或者75%百菌清可湿性粉剂700倍液，也可喷施0.2%硫酸铜液加0.1%肥皂粉液进行防治。

附图

叶片上藻斑病症状

叶片上绿色藻斑

十一、地衣及苔藓

1. 分布　地衣及苔藓分别是地衣门和苔藓植物门植物的总称，种类多，适应性强，分布广泛，属世界性分布。附生于咖啡树干上，摄取咖啡树汁液，妨碍其生长，加快其衰老，同时，还有利于害虫潜伏，也会加重病虫害的发生。

2. 症状　地衣根据外形分为叶状地衣、壳状地衣和枝状地衣3种。叶状地衣扁平，形如叶片，平铺在枝干表面，有的边缘反卷，仅以假根附着枝干，容易剥落；壳状地衣叶状体形态不一，紧贴于树干皮上，难以剥离；枝状地衣叶状体直立或下垂，呈树枝状分枝。苔藓属最低等的高等绿色植物，一般具叶茎状的营养体，以假根附着于枝干树皮，其中，苔多为扁平的叶状体，藓有茎、叶的分化。

3. 病原　地衣是真菌和藻类的共生体，靠叶状体碎片进行营养繁殖，也可以真菌的孢子及菌丝体与藻类产生的芽孢子进行繁殖，真菌菌丝体或孢子遇到自养生活的藻类即可形成地衣以营共生生活，真菌菌丝体吸收水分和无机盐，一部分提供藻类，而藻类依靠叶绿素合成有机物，一部分提供真菌。苔藓的有性繁殖体为叶茎状的配子体，配子体通过假根吸取树汁液，配子体产生卵和精子，在颈卵器中卵细胞受精形成合子，合子继续分离形成胚，胚体分化成孢子体，并在其中产生孢子，以孢子随风雨传播为害。

4. 发生规律　地衣和苔藓以营养体在枝干上越冬，在早春开始生长，一般在温暖潮湿季节生长最盛，高温低湿条件下生长很慢。在生活条件适宜时也迅速开始繁殖，产生的孢子经风雨传播，遇到适宜的寄主，又产生新的营养体。地衣、苔藓的发生与环境条件、栽培管理及树龄密切相关。老龄咖啡园和管理粗放、树势衰弱的咖啡园发病重。苔藓多发生在阴湿的咖啡园，地衣则在山地咖啡园发生较多。

5. 防治方法

（1）**农业防治**　加强咖啡园水肥管理，是防治苔藓、地衣的根本措施；另外，刮除树干上的苔藓、藻类、地衣并集中烧毁，每年冬季用10%～15%石灰水涂抹整个树干。

（2）**化学防治**　用1%石灰半量式波尔多液200倍液、50%氧氯化铜可湿性粉剂500倍液、

2%硫酸亚铁溶液喷洒被寄生的树干和枝条。

附图

粗枝条上的地衣

苔藓

第二节　国外威胁性及危险性咖啡病害识别

一、咖啡枯萎病

咖啡枯萎病由病原菌 *Fusarium xylarioides* 引起，是能够导致咖啡树枝干供水中断、逐步枯萎死亡的病害。在非洲，该病害对咖啡种植业具有毁灭性的影响。一旦感染，无法救治，枯萎的咖啡树仍具有继续传播疫情的能力，目前国内未见该病害的报道。

叶脉坏死

落叶和顶梢枯死

咖啡枝条顶端落叶

树皮下出现蓝黑色斑点（导管）

咖啡树干感病症状

绿色浆果感病症状

浆果感病症状

（引自 Mike A. Rutherford，2006）

二、咖啡环斑病毒病

咖啡环斑病毒（XT，CoRSV），属病毒科弹状病毒属，于1940年在巴西首次报道。咖啡环斑病毒病可通过机械传播和介体传播，种子不带毒。被带毒的螨类侵染40d后在叶片上表现褪绿斑点。目前发现的寄主有苋色藜、昆诺藜和小粒咖啡。受害的咖啡叶片上有淡黄色的圆形褪绿病斑，感病后期叶片坏死、脱落；受害的成熟浆果果皮颜色褪色，发病初期呈现出淡黄色的圆形褪绿病斑，后期病斑逐渐扩大，浆果整个果面褪色，呈现出淡黄色，受害浆果易受真菌侵染，使得未成熟浆果脱落，且受害浆果咖啡品质明显下降。

叶片上的淡黄色褪绿斑　　　　　　　　　叶片上的坏死斑

咖啡浆果环斑症状

（引自 Alessandra de Jesus Boari，2011）

主要参考文献

白学慧, 周丽洪, 胡永亮, 等. 2013. 咖啡细菌性叶斑病病原的分离与鉴定 [J]. 热带作物学报, 34 (4) : 738-742.

陈振佳, 张开明. 1998. 咖啡锈菌生理小种的研究进展及我国咖啡锈菌生理小种变化的动态预测 [J]. 热带作物学报, 19 (1) : 87-98.

高敏, 张茂松, 王美新. 2006. 思茅咖啡黑果病与气象条件的关系及趋势预报 [J]. 中国农业气象, 27 (4) : 339-342.

俞灏. 1984. 咖啡枝枯病病因研究 [J]. 热带作物学报, 5 (1) : 93-104.

龙乙明, 王敛文. 1997. 云南小粒咖啡 [M]. 昆明: 云南科技出版社.

莫丽珍, 周燕飞. 1992. 咖啡镰刀菌枯萎病及其防治 [J]. 云南热作科技, 19 (2) : 36-37.

舒梅, 山云辉. 2002. 咖啡黑果病的病因分析及防治 [J]. 云南热作科技, 19 (5) : 31-32.

魏景超. 1979. 真菌鉴定手册 [M]. 上海: 上海科学技术出版社.

文衍堂, 陈振佳. 1995. 三种热作细菌性病害的病原菌鉴定 [J]. 热带作物学报, 16 (2) : 93-96.

俞浩. 1987. 咖啡锈菌及其防治 [M]. 广州: 广东省农垦局出版社.

钟国强. 1992. 咖啡美洲叶斑病 [J]. 植物检疫, 13 (2) : 90-93.

Berker Raterink S M. 1984. Epidemiology and spread of *Hemileia vastatrix* [M] // Fulton R H. Coffee rust in the Americans. St. Paul: The Amerieam Phyto. Soei. Publ.: 35-40.

Elsie Burbano, Mark Wright, Donald E B. 1998. New record for the coffee berry borer, *Hypothenemus hampei*, in Hawaii [J]. Journal of Insect Science, 11: 1-3.

FAO. Arabica coffee manual. http://www. fao. org/docrep/008/ae939eae939e0b. htm.

Mike A R. 2006. Current knowledge of coffee wilt disease, a major constraint to coffee production in Africa [J]. Phytopathology, 96 (6): 663-666.

Paulv. 1980. On the biology and distribution of *Hemileia vastatrix* Berk. &Br. , the causal agent of coffee leaf rust [J]. P flanzensehutz Naehiehten Bayer, 33 (2) : 97-107.

Pieterse M T A, Silvis H J. 1988. The world coffee market and the international coffee agreement [M]. Wageningen: Agricultural University: 6-7.

Ramos A H. 1981. Seasonal periodicity and distribution of bacterial of coffee in Kenya [J]. Plant Disease, 65 (7) : 581-583.

Scot C N. 2008. Cercospora leaf spot and berry blotch of coffee [J]. Plant Disease, PD-41: 1-6.

Sehieber E, Zentmyer G A. 1984. Distribution and spread of coffee rust in Latin Ameriea [M]//Fulton R H. Coffee rust in the Amerieans. St. Paul: The Amerieam Phyto. Soei. Publ.: 1-14.

http: //www. ctahr. hawaii. edu/nelsons/coffee/coffee. html.

http: //www. fao. org/docrep/008/ae939e/ae939e0d. htm#TopOfPage.

http: //www. padil. gov. au/viewPestDiagnosticImages. aspxid=391.

第二章

小粒咖啡非侵染性病害

第一节　生理性病害

作为多年生植物，小粒咖啡对土壤的适应性较强。由于咖啡结果枝年年更换，新梢生长量大，且果实生长发育期长，从开花到果实成熟采收需要8～12个月，消耗养分较多，若要获得理想的产量必须提供足量的所需元素，任何一种元素缺乏都会造成咖啡生长受限以及产量降低。大量元素缺乏时，咖啡一般不会表现出明显的外观症状，但是缺少部分微量元素时，症状很明显。在咖啡栽培过程中，氮、磷、钾是主要营养元素，钙、镁、硫是次要元素，铁、锰、硼、锌、铜、钼、氯则视为微量元素。

一、缺氮

氮素是咖啡树营养生长的必需元素，可促进咖啡枝、叶的生长，增加每簇花和果的数量以及延长叶片寿命，对咖啡产量具有重要影响。此外，氮还能提高咖啡豆蛋白质含量水

缺氮植株

缺氮叶片

严重缺氮植株

严重缺氮叶片

平。咖啡植株生长和果实发育需要的氮素较多，氮肥充足，咖啡植株生长健壮，枝叶茂盛，叶色浓绿；缺氮的咖啡植株，往往比正常植株矮小，叶色为浅绿或黄绿色，表现为系统性变黄，生长缓慢、株型瘦小、直立、分枝少、叶型小，与茎的夹角小，症状从下而上扩展，严重时下部叶片枯黄早落，开花结果少，产量下降。

二、缺磷

磷是咖啡生长的能量来源，是咖啡根系、木质部、幼芽生长发育的必需元素。咖啡的花、种子、新梢、新根生长点，集聚的磷较多。可见磷可促进根系、枝条的生长和花芽分化。磷还能增强咖啡植株的抗寒、抗旱能力。咖啡植株对磷的吸收量较少，缺磷会导致咖啡叶片出现斑痕和不规则的橙黄色斑点，落叶增多；茎短而细，基部叶片变黄，开花期推迟，种子小，不饱满。

三、缺钾

在咖啡生长过程中，钾对果实的形成和发育有极其显著的作用。钾能促进二氧化碳的吸收、养分的运输以及浆果发育的成熟。咖啡果皮中糖分和果胶物质含量较高，这些物质的合成和运转需要大量的钾元素参与。因此，咖啡是需钾量较高的作物之一，钾元素也是影响咖啡产量的重要因素。缺钾植株生长势弱，幼果大量枯死，容易枯梢。老叶出现坏死组织，严重落叶，

咖啡缺钾叶部症状

易受病虫害侵袭，抗性差，枝条回枯，落叶多，产量低，咖啡品质差。目前主要使用的钾肥有硫酸钾和氯化钾；其次使用有机肥，腐烂咖啡枯枝落叶、果皮、牛粪等都能提高土壤含钾量。

四、缺锌

锌有助于酶的活化，促进氮、磷、钾、钙和腐殖质的转化，促进光合作用和呼吸作用，防止叶绿素分解。锌在植物中不能迁移，因此缺锌症状首先出现在幼嫩叶片上和其他幼嫩植物器官上。咖啡植株缺锌，通常表现出叶片变小变细、呈披针形、失绿明显、生长缓慢、茎节间缩短甚至生长完全停止，常发生小叶丛生，称为小叶病、簇叶病等，缺锌严重时导致植株早衰，产量降低。一般出现在酸性及贫瘠的土壤环境中，可采用每株咖啡树施10～15g硫酸锌或0.2%～1%硫酸锌溶液，每年施1次。

咖啡缺锌叶片变小

咖啡缺锌顶芽簇生

咖啡缺锌植株症状

缺锌叶片

五、缺镁

镁是咖啡植株重要的营养元素，在叶绿素合成和光合作用中起重要作用，缺镁不会影响咖啡产量，但对咖啡内在品质产生严重的影响。热带地区土壤中的镁容易流失，供镁能力低，加之土壤中K+、Ca2+等离子的拮抗作用，咖啡植株更容易出现缺镁现象。缺镁最明显的症状是叶片失绿，其特点是首先从下部叶片开始，往往是叶肉变黄而叶脉仍保持绿色。镁的移动性较强，缺镁症状首先表现在老叶上，呈黄白色并易脱落。推荐使用硫酸镁、氧化镁。

缺镁叶片

咖啡严重缺镁症状

六、缺铁

铁有助于叶绿素的形成，使酶活化。缺铁的主要特点是首先从下部叶片开始，往往是叶肉变黄而叶脉仍保持绿色，缺乏时一般在幼叶表现缺绿症状，且新叶表现均衡失绿，呈黄白色并易脱落。植株缺铁时，光合作用能力低，咖啡豆品质差。通常可采用叶面喷施硫酸铁。

咖啡缺铁症状

七、缺钙

钙是促进花和顶芽形成的主要元素，是叶绿素的组成成分。因此，钙与碳水化合物合成有关，缺钙后，顶芽及根茎的生长减弱，畸形，果实质量较差，影响咖啡豆的感官品质。缺钙的园地，推荐使用石灰石，建议每年施生石灰改良土壤。

八、缺硼

硼能促进生长点的发育，加速花粉的分化和花管的伸长，花柱和柱头中积累大量的

咖啡缺钙症状

硼能确保顺利授粉，种子成熟时，硼能加强糖分的运输。咖啡植株缺硼，叶片变小，细长，叶缘不对称，叶面粗糙，生长点枯死，枝条顶端重复分枝且呈伞状分枝，老叶不受影响，只有顶芽和嫩枝叶受害，影响咖啡结果，造成减产。可采用每株咖啡树施10～20g硼砂，或喷施叶面肥0.5%硼砂溶液。

九、咖啡浆果裂果

咖啡浆果裂果原因，可能由于果实膨大期前期干旱，后遇到降雨，果实细胞吸水过多膨压过大引起。果粒纵向裂开，裂口处易感染霉菌而腐烂，不能成熟，没有经济价值。

咖啡浆果裂果

第二节　自然灾害

咖啡属于浅根作物，易受到高温干旱、低温冻害等不良气候的影响造成减产，导致产值下降。因此气候是影响咖啡种植的决定性因素。气候因素很复杂，就全球而言，每年都有不同国家的咖啡受到不同程度的自然灾害，比如泥石流、寒害、冰雹、干旱等。

一、寒害

1.症状　寒害程度、受害时间长短决定咖啡树受害程度。受害轻的咖啡树顶芽干枯、脱落，成龄叶片枯萎，对植株生长影响不大；受害重者枝条、叶片变焦，叶片脱落，整株冻死，即使气温回升也不能恢复。

霜冻咖啡园症状

霜冻幼苗

霜冻植株

严重霜冻植株

霜冻小苗

霜冻浆果

2. 补救措施

（1）**药物防治技术**　当咖啡树遭受霜冻前后，按1∶500的比例兑水进行叶面喷施有机宝抗寒防冻剂，以提高咖啡抗寒能力和恢复能力。

（2）**熏烟防治技术**

① 柴草熏烟。在易发生霜冻的地块，凌晨4∶00左右用植物秸秆进行燃烧熏烟，每667m² 3 ～ 5堆，每堆柴草15 ～ 20kg，注意不能产生明火，只能产生烟雾，并防止发生火灾。

② 硝酸熏烟。在易发生霜冻的地块，用硝酸铵1份、锯末6份、碳粉或煤粉1份、柴油1份拌匀，点燃少量柴草，然后将拌匀的药物撒在火上以产生烟雾，达到增温的作用。

③ 赤磷造雾。在易发生霜冻的地块，每667m²用10 ～ 20g赤磷，分成若干小包，每10m设一个燃点，将赤磷放在火堆上，以产生烟雾达到保护作用。

以上熏烟技术必须在上风口设置燃点，以确保产生的烟雾能覆盖在易产生霜冻的咖啡园。

（3）**喷水防治技术**　在易发生霜冻的地块用水进行灌溉，以提高土壤湿度，从而减少辐射降温的幅度；也可在7∶00 ～ 8∶00用清水进行叶面喷雾，以破坏霜冻产生的条件和预防其为害。

（4）**暖棚防治技术**　用杂草、秸秆、塑料薄膜等搭建暖棚，每株搭一个，以提高温度进而防止寒害发生；苗圃的暖棚一定要修复好，并按要求采取喷水等防治技术。

（5）**修剪复壮技术**　叶片、枝条等已枯死且受害较轻的植株，待翌年2 ～ 3月气温回升后将枯死枝、叶剪除以恢复树势；对于受害严重，枝条已基本枯死，但树干中下部仍存活的植株，待翌年2 ～ 3月气温回升后在离地3cm处进行切干，保留2 ～ 3个直生枝，以重新培养树形；对于根部已死亡、无法恢复生长的植株只能挖出重新补植。

（6）**其他防治技术**

① 选择好种植地。切忌选择地势低凹或海拔过高容易发生低温霜冻的地块，这是防止霜冻的根本原则。

② 加强管理工作。加强施肥、灌溉、中耕、除草、病虫害防治等管理工作，这是增强抗寒能力的重要保证。

③ 种植荫蔽树。实践表明，种植荫蔽树，为咖啡树建立良好的生长环境，可防止产生低温霜冻。

二、旱害

云南咖啡产区多为山坡地，大多不具备顺利灌溉条件，多数咖啡园都是靠天吃饭，又由于云南各地降水量差异较大，全年降水量分布不均，旱季较长；2008年年底至今，咖啡产区每年均发生不同程度的旱情。最严重的为2009年11月至2010年5月春季，云南持续干旱，咖啡产区遭受百年不遇的特大旱灾，咖啡生产受到严重损失。此期间，正值咖啡成熟期、花芽分化期及开花期，天气持续干旱，又无灌溉条件，土壤水分不足，不能满足咖啡生长需求。

1. **症状** 旱情发生严重度不同，咖啡植株表现出不同的症状。受害的植株叶片萎蔫、变黄、脱落，甚至植株干枯、整株死亡造成绝产等。花期如果干旱持续，将影响开花，挂果迟甚至不能挂果，降低翌年的咖啡产量。咖啡采收期出现干旱，则会导致果实不饱满，影响咖啡品质。

咖啡日灼

轻度干旱的咖啡

中度干旱的咖啡

重度干旱的咖啡

干旱枯死的咖啡

严重干旱荫蔽树下的干枯咖啡

2.补救措施

（1）种植荫蔽树　在咖啡行间种植荫蔽树，调节咖啡园内温湿度，能够降低咖啡树受旱害程度。

（2）山地蓄水　无灌溉条件的咖啡园，可以在园内开挖水窖，雨季积水，旱季能够起到一定的缓解作用。

简易蓄水

（3）截干　无有效降水及灌溉条件的地区，成年投产树只要叶片卷曲开始焦脆，立即在离地面30cm处将主干截除，在截口用油漆涂抹并及时灌水。咖啡截干处理，虽然影响当年收成，但保住了大部分投资资产，截干及时的会重新抽芽发枝。

咖啡截干

（4）**重新定植**　植株已全部枯死，要重新规划开垦定植。提倡等高开垦，深槽重肥，槽宽60cm、深50cm，并实施间套种，间种大豆、花生等短期作物，以短养长。

（5）**覆盖**　对新植咖啡或幼龄咖啡实施根圈或台面秸秆覆盖，减少水分蒸发，达到保水、增肥和抑制杂草生长等作用。

（6）**喷施保水剂**　在降水稀少、雨水年季分布不均匀的地区以及缺少灌溉水源的地区，使用保水剂能够有效抑制水分蒸发，减缓土壤释放水的速度，减少土壤水分的渗透和流失，达到保水的目的，从而在干旱条件下保持较好长势。

第三节　除草剂引起的药害

随着我国农业科技的不断发展，除草剂在农业生产中的应用越来越广泛。化学除草省工、省时、方便、快捷，为农业生产提供了保障。但是，杂草是农田中非有意识栽培的植物，和栽培的作物没有本质的区别，所以，任何除草剂都会对作物造成一定的伤害，除草不增产已形成事实。

目前，一些除草剂被广泛应用于咖啡园除草，一些咖农往往施用高浓度除草剂。随着除草剂使用次数的增加，残留除草剂往往会对咖啡树产生药害。由于除草剂是对高等植物发生作用的化学物质，在对杂草进行控制的过程中，或多或少都会对咖啡树造成一定的伤害。加之除草剂的选择性比较重要，不同品种的理化特性、作用部位、作用原理等都有差异，特别在使用过程中，不太注意使用药剂的剂量和使用技术，因此，在除草剂使用过程中容易产生药害，且呈逐年扩大和加重的趋势。在使用除草剂过程中，由于除草剂品种选择不当、用药方法不当、喷雾处理不均匀、用药过量、浓度过多或过大或与其他药剂盲目混用，以及受外界环境影响除草剂残留等都会产生药害。除草剂药害主要表现为：隐性药害、残留药害和显性药害。

一、除草剂药害产生的原因及症状

隐性药害在作物上主要表现为：根系下扎不深、须根少、苗黄苗弱、干尖黄叶。在咖啡园中，每使用除草剂一次，咖啡叶片黄一次。

残留药害：随着除草剂使用年限的延长，杂草抗性增强，使用量也逐年增加。正是由于除草剂的使用量不断加大，除草剂的残留使其在土壤中的累积也越来越多，可以说世界上没有一种绝对无残留的除草剂。除草剂长期残留在土壤中进而累积也会对作物产生不同程度的药害。除草剂残留药害的表现症状有很多，主要表现：叶片畸形、黄化、白化；老叶片枯焦，生长停滞；幼苗皱缩，植株矮小；轻者影响作物的正常生长，造成减产，严重的可能会出现死亡，甚至绝收。

显性药害造成的原因有4种：①漂移，除草剂雾滴的挥发和漂移药害；②在使用除草剂过程中遇到低温、高湿等恶劣的气候影响，也会造成药害；③除草剂混用不当造成药害，除草剂和其他除草剂或杀虫剂、杀菌剂混用不当也容易造成药害；④使用技术不规范，随意

加大除草剂的用量和药液浓度及重喷等也会对作物产生药害。

二、除草剂出现药害的补救措施

如果是除草剂造成的药害，要注意观察并分析药害的程度，如果药害症状一般，或者在咖啡生产可以承受的范围内，可以考虑采用以下措施进行补救。

(1) 追施速效性化肥或叶面追肥，如磷酸二氢钾等对一些除草剂的药害有一定的缓解作用。

(2) 加强农事管理，进行灌水、排水、松土，以促进咖啡的生长，加速除草剂的降解。

(3) 使用草木灰或石灰，或应用植物生长调节剂促进咖啡生长。

(4) 选择一些有降解作用的药剂，这要根据除草剂的本身特性来决定，并有针对性地使用。

附图

咖啡嫩梢草甘膦药害症状

咖啡叶片草甘膦药害症状

咖啡浆果草甘膦药害症状

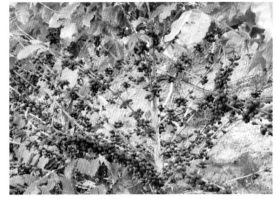

咖啡浆果草甘膦药害后期症状

咖啡植株莠去津药害后期症状

第四节　肥　　害

农作物施用化肥不当或过多，会导致枝叶徒长、倒伏、病虫害加重或烧苗、萎蔫等，轻者造成减产，重者整株死亡。

一、产生肥害的原因

1.盲目施用氮肥　　在生产中，人们总以为作物对氮肥的需求量大，因此一旦作物生长不良，便不管缺什么，统统施氮。从而氮肥越施越多，造成多余而发生肥害。特别是施用易挥发的氮肥，如碳酸氢铵和氨水等，易产生氨气而使作物遭受肥害；氮肥施用过多，还会造成植物亚硝酸积累，叶片变黄。

2.追施量过大　　化肥或人畜粪尿一次施入量过大，会造成泥土肥料浓度过高，使作物根系吸收养分和水分受阻从而发生肥害。

3. 施入未腐熟的有机肥　未腐熟的有机肥在分解进程中，会产生大量的有机酸和热量，易造成烧根的现象。

4. 施肥距作物根系太近　因为化学分解肥效快而高，追肥距根系太近易使作物产生肥害。

二、避免办法

1. 不施未腐熟的有机肥　有机肥必须腐熟再施用，尤其是禽粪。发酵有机肥与化肥混杂使用。施有机肥时，要开深沟施入，并要覆土。

2. 合理使用化肥　根据咖啡生长特性及树龄大小，结合土壤分析或叶片营养诊断，合理施用化肥。幼苗期施肥一般要开小沟环状施入，且距离树干10cm，覆土时不能把肥料壅入根部，以防止烧苗或烧根；成龄树施肥一般在两株之间开条沟施入。

3. 增施有机肥　施入土中的有机肥，对阳离子具备很强的吸附能力，使之浓度不至于过高，进而提高土壤养分的缓冲能力，大大减少肥害的发生。

施肥不当造成咖啡浆果受害

施复合肥过量的咖啡植株

主要参考文献

鲍士旦. 2000. 土壤农化分析[M]. 北京：中国农业出版社.

蔡传涛，姚天全，刘宏茂，等. 2006. 咖啡—荔枝混农林系统中小粒咖啡营养诊断及平衡施肥效应研究 [J]. 中国生态农业学报, 14 (2): 92-94.

蔡志全，蔡传涛，齐欣，等. 2004. 施肥对小粒咖啡生长、光合特性和产量的影响[J]. 应用生态学报, 15 (9): 1561-1564.

陈建白. 1989. 咖啡营养诊断与施肥 [J]. 云南热作科技, 19 (3): 30-41.

李春丽. 1996. 土壤和叶片样品的采集 [J]. Kenya Coffee, 711 (61): 2141-2143.

吕玉兰，黄家雄. 2012. 小粒种咖啡营养特性的初步研究[J]. 热带农业科学, 32 (10): 10-13.

Carvajal J F. 1984. Cafeto-cultivor fertilization [M]. Berna: Institute International de la Potasa.

http: //gaga. biodiv. tw/new23/cp021. htm.

第三章

小粒咖啡害虫识别及其防治

小粒咖啡是我国热区重要的特色经济作物，在农业经济收入中占有重要的位置。咖啡生产中每年因天牛等害虫为害造成的产量损失逐年增加。咖啡种植面积的扩大，种植模式的改变，以及气候环境复杂多变，导致了作物与害虫、害虫与天敌之间的动态关系发生了新的变化，新的害虫不断增加，发生程度不断加重，而化学农药的滥用，致使天敌种群不断减少，防治工作难以见成效。据记载，全球咖啡产量因病虫害造成的损失达41.5%，如果不加以防治，损失将增至69.9%。世界为害咖啡的害虫有900多种，包含鞘翅目、半翅目、鳞翅目、直翅目、膜翅目、双翅目、缨翅目等的昆虫。其中鞘翅目占了30%以上，半翅目、鳞翅目均占20%以上。通过对云南小粒咖啡主产区进行普查，共发现小粒咖啡害虫150余种，隶属于11目47科。其中，严重影响小粒咖啡生长、产量和品质及对咖啡产业发展带来威胁的害虫有：咖啡灭字虎天牛、咖啡旋皮天牛、木蠹蛾、介壳虫、白蚁、椿象等。近年来，云南省农业科学院咖啡研究中心从生产实际出发，针对我国小粒咖啡主产区主要害虫进行了研究，明确了不同小粒咖啡产区主要害虫的分布及发生为害特点，并提出了切实可行的综合防治方法。

第一节 鞘翅目

鞘翅目是昆虫纲种类最多、分布最广的第一大目，全世界已知约35万种，占已知昆虫总数的1/3，中国已知7 000余种。鞘翅目昆虫体壁坚硬，体形多样。成虫和幼虫口器均为咀嚼式。成虫复眼发达，一般无单眼。触角形状各异，10～11节，前翅鞘翅。许多种类为农林害虫，几乎所有种类都有假死行为。鞘翅目害虫是迄今最为重要的咖啡蛀茎害虫。

一、天牛类

咖啡上已记录的天牛类害虫约有90种，其中最为主要的是灭字虎天牛、旋皮天牛、

咖啡角胸天牛、咖啡黄头天牛。灭字虎天牛和旋皮天牛是国内小粒咖啡最主要的咖啡害虫。

（一）咖啡灭字虎天牛

咖啡灭字虎天牛（*Xylotrechus quadripes*），属鞘翅目（Coleoptera）天牛科（Cermbycidae）天牛亚科（Cerambycinae）。俗称钻心虫，是小粒咖啡上最为严重的害虫。

1. 分布　目前该虫主要分布于中国、印度、斯里兰卡、缅甸、泰国、老挝、越南、菲律宾和印度尼西亚等。在印度部分咖啡产区，咖啡灭字虎天牛发生特别严重，造成咖啡减产10%。在我国，该虫主要分布于云南、广西、海南和台湾等咖啡产区，是咖啡产区主要害虫之一。在云南，该虫发生更为普遍，为害更为严重，部分咖啡产区受该虫为害造成咖啡减产达10%以上，一些管理不当的咖啡园，为害率达50%以上，甚至咖啡园被摧毁，已经阻碍了云南咖啡产业的持续发展。

2. 形态特征

卵：长椭圆形，长1.2～1.5mm、宽0.8～1.0mm，周围有一圈网状附着丝，初产时乳白色，后渐变为灰棕色，近孵化时变为棕褐色或棕黑色。

幼虫：老熟幼虫体长32～38mm、宽3.5～5.5mm，蜡黄色，胸节宽大，逐节向尾部收缩，收缩幅度稍大，头细小，四方形，上颚坚强，体其余部分蜡黄色。

蛹：离蛹，榄核形，体长16～18mm、宽4.5～5.0mm，初为乳白色，渐变为乳黄色、蜡黄色至棕黄色，头细小，弯贴于腹面，触角弯贴于体两侧先端，伸至第一腹节前缘，腹背面可见节7节。

成虫：体黑色，体长10～17mm，肩宽3.5～4.5mm。触角黑色，长约7.5mm，前胸似圆球状，背板上有8颗黑点，横列成一字形，中心黑点稍大，两边黑点稍小而圆。足黑色，翅鞘呈扁平状，末端呈弯截状，披盖黄绿色绒毛斑带，前部形成灭字形斑纹，后端形成三角形黄斑。雄虫头部具明显的脊，多数雄虫头面具有两条对称的黑粗短线；雌虫头面则多为两条细线。

3. 为害特点　以幼虫为害5年以上的咖啡树干，先在树表皮下蛀食，随着虫龄增大，潜入木质部后，在形成层与木质部之间蛀食，进而蛀食木质部，将木质部蛀成纵横交错的隧道，并向枝干中央钻蛀为害髓部，然后向下钻蛀为害至根部，蛀道中填满木屑，严重影响水分的输送，致使树势生长衰弱。轻者使植株萎黄、枯枝、落果，表现缺肥缺水状态；重者整株死亡，受害部位因失去机械支持作用常在风雨中被折断，严重受害时可致全咖啡园摧毁。根据对云南普洱地区不同树龄咖啡园调查发现，10年以上的老龄树为害最严重，在所调查的咖啡树中，为害率达18.65%，4年树龄为害率达7.08%，5～10年的咖啡树为害率为5.96%。

幼虫在较粗大的树干中为害时，其蛀道多呈纵横交错状；而在较小的树干上为害，幼虫则先环绕树干旋蛀，再蛀入髓部沿树心向上下蛀食，当向下蛀入到根部时，常导致整株枯死。

被害植株一般不好辨认，只有在阳光强烈的正午，辨认植株的顶叶、顶芽，若顶叶萎蔫或不正常，即为受害株，此外，用力拉或被风吹后容易从被害处折断。折断后的树干分为上下两截后各虫态仍可在折断的枝条中存活并正常发育。成虫在树干木质部内羽化未钻出树干之前，树干外表隆起形成脊，树皮有裂痕，很好识别。

4.生活习性　在云南，该虫一年发生两代，世代重叠，幼虫和成虫在寄主茎内越冬，翌年2～3月后，越冬成虫和越冬幼虫羽化的成虫陆续飞出羽化孔，5～7月、9～10月是成虫羽化高峰期。成虫产卵于向阳粗糙的树皮裂缝里。由于世代重叠，在咖啡园全年均有成虫活动。卵期8～16d，幼虫3～10个月，蛹期10～15d，成虫20～30d。

成虫多于晴天活动，飞翔力强，多在距地面50～100cm的咖啡茎表皮裂缝中产卵，卵一般散产，孵化后的幼虫蛀入皮层旋蛀为害，三龄以后侵入木质部纵横钻蛀，严重的能使咖啡主干折断，整株死亡。

咖啡受害程度决定于害虫产卵数量和幼虫有效入侵率。越冬代成虫产卵和幼虫入侵率的上升期、高峰期、下降期分别在3月下旬至4月中旬、4月下旬至5月中旬、5月下旬至6月中旬。夏秋代的成虫产卵和幼虫入侵率的上升期、高峰期、下降期则分别在8月中旬至9月上旬、9月中下旬、10月上中旬。幼虫初蛀入时，入口处有黏液和木粉黏结的粒状堆积物，蛀道表面略为隆起。

5.防治方法

（1）**人工防治**　每年4～7月和9～12月是人工捕杀成虫及幼虫的关键时期，发现有虫株时，应及时清除虫株上的成虫、幼虫及蛹，将有虫株砍除并集中烧毁。

（2）**农业防治**　由于成虫产卵于粗糙的树皮裂缝内，因此抹去粗糙的树皮，破坏其产卵环境，从而防止该虫的繁殖；创造适于咖啡生长的生态环境，加强管理，合理修剪，能够起到一定的防治作用。有适当的荫蔽环境比全光的环境较少发生咖啡灭字虎天牛的为害，生长健壮的咖啡树具有一定的抗虫能力。

（3）**物理防治**

①涂干。每年采果结束后，结合修剪将病虫枝集中烧毁。在成虫产卵前后（4月上中旬左右）用水＋胶泥＋石灰粉＋甲敌粉＋食盐＋硫黄粉涂干，比例为2∶1.5∶1.2∶0.005∶0.005，混合均匀，搅拌成糊糊状，均匀涂刷在距离地面50～80cm的树干上。

②刮皮。由于成虫产卵于树皮粗糙的缝隙中，卵粒附着在树皮下或裂缝中，幼虫孵化后，开始从孵化处蛀入树干表皮为害，此时对树干进行刮皮，可以阻止刚孵化幼虫对树干的为害。

（4）**化学防治**　在成虫出现高峰期（4～6月和9～11月），使用48%乐斯本乳油1 500倍液、2.5%高效氯氟氰菊酯乳油1 000倍液、40%乐果乳油1 000倍液、16%虫线清乳油100～150倍液，交替喷淋树干或枝条，能有一定的防治效果。

（5）**保护天敌**　咖啡灭字虎天牛的天敌有黑足举腹寄生蜂、黑褐举腹蚁、立毛举腹蚁、蟋蟀等，在生产中利用农业技术、物理防治等措施，减少和合理使用化学药剂，使用生物和高效低毒农药，创造有利于天敌生存和发展、不利于咖啡灭字虎天牛的生态环境，从而控制其为害。

附图

树干上的成虫

卵　　　　　（李忠恒提供）

一个枝条中的幼虫

幼虫及其为害状

蛹

蛹渐变成虫过程

成 虫

幼虫为害小树症状

内部症状

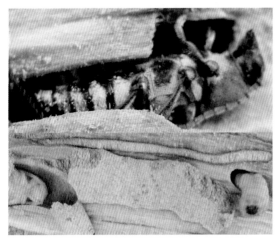

一个受害枝条中3种不同虫态

成虫出洞孔

树干外表形成脊，树皮有裂痕

成虫交配

植株受害状

健康植株

截干后涂干防治

涂干防治

（二）咖啡旋皮天牛

咖啡旋皮天牛（*Dihammus cervinus*），属鞘翅目（Coleoptera）天牛科（Cerambycidae）沟胫天牛亚科（Lamiinae）。又称咖啡锦天牛、旋皮锦天牛、绒毛天牛、柚木肿瘤钻孔虫等。

1.分布 咖啡旋皮天牛在国外主要分布于越南、泰国、老挝、印度、印度尼西亚、尼泊尔、缅甸、日本、朝鲜等国家和地区。我国主要分布在云南、海南等省份，它是咖啡的钻蛀性害虫之一。根据调查，在云南整个咖啡产区均有不同程度的为害，主要为害定植2～5年生的幼龄咖啡树干，普洱咖啡园区平均为害率达18%左右。该虫食性杂，除为害咖啡之外，还为害蓖麻、石榴、九里香、柚木等。

2.形态特征

卵：菱形，长3.5～4mm，宽1.0～1.2mm，两端窄尖，略弯曲，初产时乳白色，渐变为乳黄色，近孵化时呈黄褐色或棕褐色。

幼虫：老熟幼虫体长30～38 mm，宽3.5～5.2 mm，乳白色，扁圆筒形，胸节较宽大逐渐向尾部缩小。头部及前胸硬皮板颜色较深，黄褐色至棕褐色，体之其余部分白蜡黄色；头横阔，两侧平行，缩入前胸很深，头盖侧叶彼此相连，前胸节最大，为中后胸两节之和，背面具一方形移动板，其两侧及中央各有1条纵纹，中胸侧面近前胸处有明显的气门1对，胸无足，腹部由8节组成。

蛹：蛹为离蛹，体长25～28 mm，宽4.5～5.5mm，乳白色，羽化时呈黄褐色或棕褐色。触角向后伸及中胸腹面，卷曲或略呈盘旋状。头部倾于前胸之下，口器向后，下唇须伸达前足基部；前、中足均屈贴于中胸腹面，后足屈贴于体腹部两侧。腹部可见9节，第十节嵌入前节之内，以第七节最长，第九节具褐色端刺。

成虫：体长15～28mm，宽5～8 mm。全身密被带丝光色的纯棕色或深咖啡色绒毛，无他色斑纹；触角端部绒毛较稀，色彩也较深。小盾片较淡，全部被淡灰黄色绒毛。头顶几无刻点，复眼下叶大，比颊部略长。触角雄虫超过体尾5～6节，雌虫超过3节；一般基节粗大，向端渐细，末节十分细瘦；雄虫三至五节显然粗大，第六带骤然变细，此特征在个体越大时越明显。前胸近乎方形，侧刺突圆锥形，背板平坦光滑，刻点稀疏，有时集中于两旁；前缘微拱凸，靠后缘具两条平行的细横沟纹。鞘翅面高低不平，肩部较阔，向后渐狭，略微带楔形，末端略呈斜切状，外端角明显，较长，内端角短，大圆形，有时整个末端呈圆形，翅基部无颗粒，刻点为半规则式行列，前粗后细，至端部则完全消失。

3.为害特点 该虫以幼虫为害，主要为害定植后2～5年生、直径多在1～3.5 cm的幼龄咖啡树干。为害部位多在离地面5～30 cm或50～80 cm的树干基部，占为害部位总数的94.3%，一至二龄幼虫先在孵化处蛀入树干表皮下，先来回钻蛀细小蛀道或呈不规则块状为害。二至三龄幼虫在表皮下无一例外的沿树干向下取食为害树干内表皮、韧皮、形成层和擦边取食木质部，取食为害后在木质部与表皮之间形成一条由上而下、一般3～5圈多则5～6圈、长15～30 cm、宽4～8mm、深入木质3～5 mm的扁平螺旋状纹，蛀道被粪便所填塞。受害植株养分、水分被连续的螺旋纹沟所间隔，被害植

株初期或为害状不显露时不易被发现，后期被害植株表现为叶色不正常、叶黄枝萎、叶片脱落、树势衰弱。根据叶色、树势在树干基部仔细查找，可找到为害处及幼虫。用力推、拉受害植株树干不易被折断，受害树干每株仅有幼虫1头。该虫的为害，严重损害了咖啡树的生长，不仅影响当年的开花结果，继而整株呈半死不活、枯黄或枯萎状持续数年，严重影响咖啡的产量。

4. **生活习性** 咖啡旋皮天牛在云南1年发生1代，跨年度完成。10月中下旬后，多数幼虫已达老龄期，为害达树干基部表土上下处，气候干燥，老熟幼虫受光照、光波的刺激，在被害树干基部表皮下或钻破树干表皮而出，深入土室中不食不动，进入滞育态，老熟幼虫以滞育态越冬。翌年3月中下旬，气候回潮，经光照、光波刺激后，滞育解除，开始继续发育；4月上中旬至5月中下旬为化蛹盛期；4月下旬至5月中下旬当温度回升，并经连续降雨或阵雨，特别是降透地雨水刺激之后，土壤湿度在80%～90%时，成虫陆续羽化，钻破基部树干表皮而出或向上爬出土表面，先作短暂停歇或短距离爬行后，开始起飞活动；5月中下旬至6月中下旬为成虫产卵高峰期。卵期6～9d，幼虫期287～298d；蛹期12～18d，平均15d，完成1代305～325d。

5. 防治方法

（1）**农业防治**

① 每年10月中下旬后至翌年3月中下旬前，结合冬季除草清园工作，全场浅翻挖咖啡地平台1次。有条件的咖啡园冬季对咖啡地平台灌透水1～3次，以破坏滞育态入土越冬幼虫生境，促其部分死亡。

② 7月中下旬至10月中下旬，对2～5年生幼龄咖啡树逐株检查树干，进行人工捕捉幼虫，早检查早发现，杀死其中的幼虫，以弥补化学淋喷干、涂干防治的漏洞。

③ 冬季或农闲时，清除咖啡园周边咖啡旋皮天牛的野生寄主树，以减少翌年外来的虫源。

（2）**物理防治** 在4月中旬前，采用水+胶泥+石灰粉+甲敌粉+食盐+硫黄粉=2∶1.5∶1∶1.2∶0.005∶0.005的配比，混合后均匀搅拌成糨糊状，以适用、黏稳在树干上为宜，均匀涂刷距地面50～80 cm的树干，防治咖啡旋皮天牛等害虫产卵。

（3）**化学防治** 4～5月和8～9月为成虫出现盛期，使用90%敌百虫晶体1 000倍液，喷洒树干2～3次。结合防治咖啡灭字虎天牛，于5月中下旬至6月中下旬，全园用2.5%高效氯氟氰菊酯乳油1 000倍液、40%乐果乳油1 000～2 000倍液等，逐株喷淋距地面50～80 cm的树干，重点淋湿2～3年生幼龄树干。对咖啡旋皮天牛常发地段、发生严重地块，可每间隔10～15d，连续喷淋树干2～3次，杀死卵或刚孵化尚未进入真皮、木质部的幼虫。

附图

幼　虫　　　（李忠恒提供）

成　虫　　　（李忠恒提供）

为害树干外部症状

为害树干内部初期症状

为害后期症状　　（李忠恒提供）

受害植株叶片发黄

二、象甲类

象甲类昆虫属鞘翅目（Coleoptera）象甲总科（Curculionoidea），通称象甲，俗称象鼻虫，是动物界最大的科之一。均为植食性害虫，为害根、茎、叶、花、果、种子、幼芽和嫩梢等。多数幼虫蛀食植物内部，不仅为害严重，而且难以防治。为害咖啡的象甲主要有大灰象甲、绿鳞象甲、小绿象甲等。象甲科成虫的为害很有特点，即在叶缘或嫩梢上咬出环形缺刻。已发现约70种象甲取食咖啡叶片，但多数不会造成明显为害。

（一）大灰象甲

大灰象甲（*Sympiezomias velatus*），属鞘翅目（Coleoptera）象甲科（Curculionidae）。又称象鼻虫。

1. 分布　该虫食性杂，分布范围广，全世界均有分布。寄主多，除咖啡外，还包括柑橘、烟草、玉米等。

2. 形态特征

卵：长约1.2mm，长椭圆形，初产时为乳白色，后渐变为黄褐色。

幼虫：体长约17mm，乳白色，肥胖，弯曲，各节背面有许多横皱。

蛹：长约10mm，初为乳白色，后变为灰黄色至暗灰色。

成虫：体长9～12mm，灰黄或灰黑色，密被灰白色鳞片。头部和喙密被金黄色发光鳞片，触角索节7节，长大于宽，复眼大而凸出，前胸两侧略凸，中沟细，中纹明显。鞘翅近卵圆形，具褐色云斑，每鞘翅上各有10条纵沟。后翅退化。头管粗短，背面有3条纵沟。

3. 为害特点　成虫取食咖啡幼苗、嫩梢和叶片，轻者将叶片食成缺刻或孔洞，重者将苗、嫩梢吃成光秆，造成缺苗断垄，也取食成龄树叶片，对苗和幼龄咖啡树为害严重。

4. 生活习性　该虫2年发生1代，第一年以幼虫越冬，第二年以成虫越冬。成虫不能飞，主要靠爬行转移，动作迟缓，有假死性。白天多栖息于土缝或叶背，清晨、傍晚和夜间活跃。4月中下旬从土内钻出，群集于幼苗取食。5月下旬开始产卵，成块产于叶片，6月下旬陆续孵化。幼虫期生活于土内，取食腐殖质和须根，对幼苗为害不大。随温度下降，幼虫下移，9月下旬达60～100cm土层深处筑土室越冬。翌春越冬幼虫上升表土层继续取食，6月下旬开始化蛹，7月中旬羽化为成虫，在原地越冬。

5. 防治方法

（1）人工防治　在成虫发生期，利用其假死性、行动迟缓、不能飞翔的特点，于9：00前或16：00后进行人工捕捉，先在树下铺塑料布，震落后收集消灭。

（2）化学防治　在成虫发生盛期于傍晚在树干周围地面喷洒90%敌百虫晶体1 000倍液，施药后耙匀土表或覆土，毒杀羽化出土的成虫；成虫发生期，用40%乐果乳油1 000倍液，或10%氯氰菊酯乳油1 000倍液，或2%阿维菌素乳油2 000倍液喷雾。

附图

成 虫

（二）绿鳞象甲

绿鳞象甲（*Hypomeces squamosus*），属鞘翅目（Coleoptera）象甲科（Curculionidae）。又名大绿象甲、大绿象鼻虫、蓝绿象甲、绿绒象虫。

1.分布　该虫分布较广，寄主多，包括咖啡、芒果、龙眼、荔枝、柑橘、桃、李、梨、板栗等果树及、大豆等经济作物，在全国各地均有不同程度的分布。

2.形态特征

卵：椭圆形，长1.1～1.5mm，初期为乳白色，后期变为紫灰色，卵粒连成卵块，黏附于叶片间。

幼虫：多为6龄，初为乳白色。老熟幼虫体长15～17mm，乳白色或淡黄色，头部黄褐色，体稍弯，多横皱，气门明显，橙黄色，前胸及腹部第八节气门特别大，无足。

蛹：裸蛹，黄白色，长11～13mm。

成虫：纺锤形，体长15～18 mm，肩宽5～6 mm，黑色，体表密被黄绿色、蓝绿色、灰色具光泽鳞粉，少数为灰白色或褐色绒毛，体色多变。头部口喙粗短稍弯，喙前端至头顶中央具纵沟3条。头连同头管与前胸等长，额及头缘扁平，背中有一宽深纵沟，直至头顶，两侧还有浅沟。复眼椭圆形，黑色突出，复眼内侧前方各有2条较长的绒毛，触角9节。前胸背板前缘狭，后缘宽，中央具3条纵沟。小盾片三角形。鞘翅以肩部最宽，长于腹末，翅缘向后呈弧形渐狭，上有10列刻点，各足跗节4节，足的腿节之间特别膨大。雄虫腹部较小，雌虫较大。

3. 为害特点　成虫常群集为害咖啡嫩叶、花和咖啡浆果。嫩叶受害后被啃食成缺刻凹洞，严重时萎蔫枯死或被吃光。成龄叶片受害后常造成缺刻。成虫常食花瓣造成落花。浆果果皮被啃食，果面呈现不规则的凹陷并留下疤痕，为害严重的仅留果蒂，造成落果。

4. 生活习性　该虫在云南1年发生1代，以成虫和幼虫在土壤中越冬，翌年2月以后，幼虫化蛹，越冬成虫陆续出土活动，成虫刚出土时活动性较差、飞翔力弱，善爬行，有群集性，假死性强。受惊后即坠落地面，出土后爬至枝梢为害嫩叶，气温低时，常卷于叶内，不食不动，气温回升后取食嫩叶，能交配多次和产卵。卵多单粒散产在叶片上，产卵时沿叶缘用足抱拢附近的两片叶，使其互相贴合后，将产卵管伸入两叶片合缝间的近叶缘处产卵，并分泌黏液将两叶片黏合，以保护卵粒。产卵期80d左右，每雌虫产卵80多粒。幼虫孵化后钻入土中10～13cm深处取食杂草或树根。幼虫期约80d，9月孵化的长达200d。幼虫老熟后在6～10cm土中化蛹，蛹期17d。靠近山边、杂草多、荒地边的咖啡园受害重。

5. 防治方法

（1）农业防治　结合中耕除草、施肥等措施，破坏幼虫在土壤中的生存环境，冬季深耕破坏成虫的越冬场所。

（2）人工防治

① 利用成虫假死性，在早、晚温度较低时，采用人工震落成虫后收集捕杀。

② 对新开种的咖啡园，要对干涂胶，防止成虫上树，即在成虫开始上树时期，用胶环包扎树干，每天将黏在胶环上或胶环下的成虫杀死。黏胶的配制：蓖麻油40份，松香60份，黄蜡2份，先将油加温至1 200℃，然后慢慢加松香粉，边加边搅拌，再加入黄蜡，煮拌至完全融化，冷却后使用。捕杀成虫，利用此类害虫具群集性、假死性和先在咖啡园边局部发生的习性，于10：00前和17：00后，用盆子装适量水并加入少量煤油或机油，在有虫株下放置，用手震动树枝，使虫子坠落盆内，以捕杀成虫。

（3）化学防治　对虫口密度较大的咖啡园，人工防治比较困难。在成虫盛发期，在晴天8：00～9：00或16：00～17：00，喷洒2.5%高效氯氟氰菊酯乳油1 000倍液、90%敌百虫晶体800～1 000倍液加0.2%洗衣粉、44%多虫清乳油800～1 000倍液防治。

附图

绿鳞象甲为害状

体被黄色鳞毛

体被淡黄色鳞毛　　　　　　　　　　　体被绿色鳞毛

（三）小绿象甲

小绿象甲（*Platymycteropsis mandarinus*），属鞘翅目（Coleoptera）象甲科（Curculionidae）。别名小粉绿象甲、柑橘斜脊象。

1.分布　分布范围较广，云南、海南、广东、福建等咖啡产区均有分布。寄主较多，有咖啡、芒果、荔枝、龙眼、柑橘等果树及大豆、花生、棉花、桑、油桐等经济作物。

2.形态特征

卵：椭圆形，长约1mm，黄白色，孵化前呈黑褐色。

幼虫：初孵时乳白色，成长后黄白色，长9～11mm，体肥多皱，无足。

蛹：长约9mm，黄白色。

成虫：体长6.0～9.0mm，宽2.3～3.1mm。体长椭圆形，灰褐色，密被淡绿色或蓝绿色鳞粉，头喙刻点小，喙短，中间和两侧具细隆线，端部较宽。触角细长，9节，柄节细长而弯，超过前胸前缘，鞭节头2节细长，棒节颇尖。前胸梯形，略窄于鞘翅基部，中叶三角形，端部较钝，小盾片很小。鞘翅卵形，背面密布细而短的白毛，每鞘翅上各有由10条刻点组成的纵行沟纹。足红褐色，腿节颇粗，具很小的齿，前足比中、后足粗长，腿节膨大粗壮，跗节均为4节。

3.为害特点　主要以成虫咬食咖啡新梢、嫩叶、花芽和幼嫩浆果，造成叶片残缺不全，残留叶表皮呈网状干枯，严重时仅留叶脉，为害浆果使其表面凹陷、脱落或留下疤痕。

4.生活习性　小绿象甲在云南1年发生2代，以幼虫在土壤中越冬。第一代成虫出现盛期在5～6月，第二代成虫在7月下旬；一年中从4月下旬至7月可见成虫活动，5～7月发生量较大。此虫为害初期，一般先在咖啡园的边缘开始发生，常有数十头至数百头以上群集在同一株上取食为害。成虫有假死习性，受到惊动即滚落地面。

5.防治方法

（1）**农业防治**　冬季结合翻松园土，杀死部分越冬虫态。

（2）**化学防治**　虫口密度较大时，采用90%敌百虫晶体800～1 000倍液加0.2%洗衣粉，或10%吡虫啉可湿性粉剂4 000倍液防治。

附图

成　虫

小绿象甲及其为害状

（四）为害咖啡的其他象甲

长颈卷叶象甲

两种象鼻虫

三、龟甲类

龟甲类昆虫属于鞘翅目多食亚目龟甲总科，色泽鲜艳，鞘翅周缘敞出，头后倾，跗4节，形似小龟，通称龟甲。主要分布于热带、亚热带地区，以成虫和幼虫取食寄主植物叶片。

（一）甘薯小绿龟甲

甘薯小绿龟甲（*Taiwania circumdata*），属鞘翅目（Coleoptera）龟甲科（Cassidinae）。又名甘薯台龟甲、甘薯小龟甲、甘薯青绿龟甲、龟形金花虫等。

1. **分布**　该虫分布较为广泛，寄主也多。主要分布于云南、海南、广东、四川、台湾等省、自治区。寄主主要有咖啡、芒果、甘薯等。

2. **形态特征**

卵：长椭圆形，长约1mm，宽0.5mm，深绿色，卵外有淡黄色网状胶膜，中央有2条平行的褐色隆起线。卵期4～8d，平均5.7d。

幼虫：共5龄，一至五龄幼虫体长1.2～3.5mm。一、二龄幼虫淡黄色，足趾钩及其两旁的毛刺能将身体黏附在叶背。三至五龄幼虫均为淡绿色，仅体型存在差异。幼虫皆将蜕皮留在腹部末端。幼虫体背中央有1条隆起线，体侧周围列生棘刺，每边各有16枚，最前方2枚同生于一肉瘤上，后面2枚特别长，几乎为其他棘刺的2倍，尾须1对，为体长的4/5。末端有举尾器，附有黑褐色蜕皮壳，举尾器每蜕皮1次增加1节，老熟幼虫4节，活动时举尾器覆盖在体背。

蛹：蛹前胸背板外伸，是本虫特征之一，化蛹时会将幼虫最后1龄的皮蜕去，并留在腹部末端，以固定于叶片。前蛹鲜绿色，长约4.4mm，前蛹期1～4d。蛹淡褐色，长约5mm，前胸背板大，盖在头上，周缘有小刺，腹部第一至五节两侧有扁平突出物1对。

成虫：扁椭圆形，体长4～5mm，体宽约4mm，具短鞭状触角，背面隆起，腹面扁平。前胸背板及鞘翅周缘无色透明具网状纹。复眼及触角的前端为黑色。鞘翅密布小刻点和网状纹，中央有黑色（或褐黄色）纹，两鞘翅黑纹相连成U形，鞘翅内缘有同色的长纹1个，恰在U形纹中央，整个形成山字形纹；其余部分为绿色，有金属光泽。

3. **为害特点**　该虫主要以成虫和幼虫取食寄主叶片成穿孔或形成缺刻，为害严重时叶子被吃光，严重影响树势。

4. **生活习性**　甘薯小绿龟甲1年发生5～6代，以成虫在植物残株落叶和杂草下面越冬。成虫多在4月底5月上中旬出现，直到12月均有发生为害，5～7月是为害高峰期。成虫具有假死性。卵散产在叶脉附近，多2粒并排。幼虫老熟后把尾部黏在叶背化蛹。寿命140～160d。

5. **防治方法**

（1）**农业防治**

①收获后清洁田园，并铲除田边杂草，尤其是藜科杂草，对预防该虫为害有一定效果。

②学会辨认其各种虫态，注意观察监测虫情，把握在5～6月一、二代发生的高峰期采取措施消灭其主力。

③该虫对杀虫剂比较敏感，应选择低毒低残留的杀虫剂，尽量使用低浓度喷洒。

（2）**化学防治**　供选药剂有4.5%阿瑞宝乳油3 000～4 000倍液、90%敌百虫晶体1 000倍液、40%农斯特乳油2 000～3 000倍液、20%赛虫特乳油5 000倍液。

附图

为 害 状

成 虫

（二）甘薯梳龟甲

甘薯梳龟甲（*Aspidomorpha furcata*），属鞘翅目（Coleoptera）铁甲科（Hispidae）。又名金盾龟金花虫。

1.分布 已知分布于云南、海南、广西、台湾等地。寄主包括咖啡、芒果、甘薯、空心菜、牵牛花等。

2.形态特征 成虫：扁椭圆形，长约0.7cm，宽约0.5cm，具短鞭状触角，前胸背板和翅鞘呈透明状，体色具耀眼金属光泽，体背斑纹形成金色、边缘泛红色盾牌形。

3.为害特点 以成虫和幼虫取食咖啡叶片，受害叶片成穿孔或缺刻状，严重时食尽全叶。

4.生活习性 发生世代不详，白天活动，为昼行性昆虫。其体色来自自身生理色素，死亡后逐渐消失。

5.防治方法

（1）**农业防治** 咖啡采摘后清除果园残株落叶，铲除杂草，减少越冬虫口，在产卵期人工摘除着卵叶，集中烧毁。

（2）**化学防治** 成虫盛发期可以选用40%乐果乳油1 000倍液、90%敌百虫晶体1 000倍液进行喷施。

（3）**生物防治** 该虫天敌主要有蜘蛛、螳螂、寄生蜂等，应注意保护利用。

附图

甘薯梳龟甲

为 害 状

四、金龟子类（蛴螬）

金龟子类的幼虫食根，成虫取食叶片，但与象甲不同，其取食叶体，留下的啃痕为锯齿状，叶脉则保持完整。约有45种金龟子的成虫取食咖啡，蚕食叶片、花和嫩果，但通常不会造成严重为害。

蛴螬是金龟子类幼虫的通称，别名为地狗子、白土蚕，是重要的地下害虫。种类繁多，为害广泛，果树、林木、蔬菜等均可受其为害。

1. **分布** 蛴螬是杂食性害虫，主要为害其幼苗，发生遍及中国各地，适应性强。

2. **形态特征** 幼虫：乳白色，肥大，呈C形弯曲，体壁各节间皱褶，胸足3对发达，头大赤褐色。

3. **为害特点** 啃食咖啡植株幼苗地下根、茎，致使其发育不良、萎黄枯死。

4. **生活习性** 幼虫生活在土壤中，中午日晒炎热，向下移动，早晨、黄昏则向上移动，活动范围随土壤温度而变化，土壤湿度影响其生长发育，过湿过干都会引起幼虫大量死亡。

5. **防治方法** 翻耕捡拾蛴螬，或用40%乐果乳油1 000倍液淋根部，或90%敌百虫晶体1 000倍液喷施树冠地面，翻入土中。

附图

受害咖啡幼苗　　　　　　　　　　幼　虫

为害后期

成　虫

五、叶甲类

叶甲类昆虫属鞘翅目（Coleoptera）叶甲总科（Chrysomeloidea），通称叶甲，又称金花虫，是鞘翅目的大科之一。该科成虫在叶片上取食造成圆形或卵圆形啮孔，啮孔间不重叠。已记录的害虫约有40种，大多属肖叶甲亚科（Eumolpinae）和萤叶甲亚科（Galerucinae）。

（一）中华萝藦叶甲

中华萝藦叶甲（*Chrysochus chinensis*），属鞘翅目（Coleoptera）肖叶甲科（Eumolpidae）。

1. 分布　该虫食性复杂，分布广泛，几乎全国各省份均有分布。

2. 形态特征

卵：初产时黄色，以后变为土黄色。卵一般成块，每块卵粒多少不一，排列不整齐。卵产后第五天开始孵化，卵期6～18d，室内孵化率很高。

幼虫：初孵化幼虫黄色，怕光，很快钻入土中找食物。一、二龄幼虫较活泼，多集中在植物根部附近，有的钻入表皮下；三龄后变为淡米黄色，筑一土室，不取食时伏在室中，体呈C形，头、前胸背板、腹面和肛门瓣颜色略深。胸足3对发达。腹部有10节，第十节很小，一至八腹节每节背面有2个或3个皱折，腹面中部隆起成唇形突，气门9对，位于中胸和一至八腹节两侧。

蛹：黄色。身体被有较多褐色长毛，分布很不均匀，头部、前胸背板、小盾片和足上毛的数量较少，其余多集中在腹节背部，几乎所有隆起部分都有长毛。触角从两侧向后弯转贴在翅芽上，翅芽向下在前、中足下面附贴在腹面，后足在翅芽下边，各足跗节都紧贴腹面中部。

成虫：金属蓝、蓝绿或蓝紫色，体长7～12.5mm，前胸背板横宽，两侧边略呈圆形，向基部收窄。鞘翅刻点混乱。雌虫产卵器很长，透明。产卵时后腿左右摇摆拨土，然后将产卵管插入土中产卵。产卵深度随土壤疏松程度而异，一般2～3cm，最深达4cm。

3. 为害特点　该虫成虫为害叶片，造成缺刻，为害严重时叶片只剩下主脉；早期幼虫啃食表皮，较大幼虫食表皮和木质部。在云南，发现的寄主有咖啡、芒果、荔枝。

4. 生活习性　该虫1年1代，以老熟幼虫在土中做土室越冬，翌年春天化蛹。成虫于每年5月中下旬开始出现，5月底6月初产卵，6月上旬至7月上旬为成虫盛期，8月底9月初绝迹。成虫喜干燥、阳光，在潮湿、阴暗的山谷地带较少。成虫寿命一般两个月左右，最长可达3个月。白天活动取食，食量大，蚕食叶片只剩主脉。假死性强，如突然受到触动，鞘翅上每一刻点均分泌出滴状液体，但顷刻自行吸收、消失。

5.防治方法　翻耕捡拾幼虫，或者用40%乐果乳油1 000倍液淋根部、25%噻虫嗪水分散粒剂8 000倍液、1.8%阿维菌素乳油1 000倍液、70%吡虫啉可湿性粉剂1 500倍液防治。

附图

成　虫

（二）赤翅长颈金花虫

赤翅长颈金花虫（*Lilioceris cyaneicollis*），属鞘翅目（Coleoptera）金花虫科（Chrysomelidae）。

1.分布　该虫属植食性昆虫，寄主少，分布范围窄，云南仅在普洱发现，除此外，国内仅见台湾报道。

2.形态特征　成虫：体长7.5mm，头部、触角、各脚皆为黑色，复眼黑褐色，前胸背板筒状如颈具光泽而长，鞘翅艳红色，具细微的刻点但不明显，腹面红色，各脚跗节具褥垫。

3.为害特点　该虫主要以成虫取食叶片，从上表皮开始啃食，仅留下表皮或将叶片啃成缺刻、孔洞，趋向于取食幼嫩叶片。

4.生活习性　生活习性不详。

5.防治方法

（1）农业防治　清除田间杂草，减少成虫产卵场所。

（2）化学防治　成虫盛发期，选用5%氟虫氰悬浮剂600～800倍液进行防治。

附图

为害叶片　　　　　　　　　　　　　　　　　　为害嫩梢

（三）黑额光叶甲

黑额光叶甲（*Physosmaragdina nigrifrons*），属鞘翅目（Coleoptera）金花虫科（Chrysomelidae）粗脚长筒金花虫属（*Physosmaragdina*）。又称黑星筒金花虫。属典型的广食性害虫，具有较强的取食能力和破坏力，因而具有较大的潜在危险性；广食性害虫往往具有较强的环境适应能力，不易控制或消灭；由于能够为害多种寄主植物，极易扩大为害范围，其发生为害应引起足够重视。

1．分布　黑额光叶甲主要分布于中国、韩国、日本、越南等地。国内主要分布于云南、贵州、重庆、河南、浙江及湖南、台湾等地。

2．形态特征　成虫（含鞘翅）体长 5.4～6.2 mm，宽 2.9～3.2 mm。头部、身体腹面和各足均为黑色；触角基部几节褐色，其余黑色；小盾片褐色；前胸背板黄褐至红褐色（橙褐色），具有（或无）1 对（盘状）黑斑，有时黑斑汇合覆盖背板中间大部分，仅留前后两端部分褐色；鞘翅黄褐色至红褐色（橙褐色），具 2 条黑色的宽横带，一条靠近翅前端，另一条在翅中间靠后，留下翅中部及翅末端为黄褐色；但是，不同个体鞘翅的黑色斑纹大小差异很大，甚至存在无斑纹个体，或 2 条黑色横带汇合使鞘翅整体上黑色仅留末端黄褐色。雌雄成虫之间的主要区别在于：雌虫各跗节均不如雄虫宽扁，且第一节明显长于第二节，其腹部末节腹面中央具一圆凹窝。

3．为害特点　该害虫主要以成虫取食刚萌发伸展的幼嫩新叶造成叶片缺刻，严重时受害叶片大部分被蚕食，叶片破碎不堪，失去光合功能；当为害梢顶新叶时，还有可能直接影响当年花枝的生长发育。

4．生活习性　5 月初成虫即开始出现，在进行取食活动的同时也开始进行交配活动。成虫取食时，一般都是从叶缘开始啃食，在叶缘形成较浅的宽形缺刻，或通过向纵深方向啃食形成长条形缺刻。在同一叶片上，同一害虫的取食位置常常频繁更换，即在某一点上取食片刻后会转移到另外一点（或旧的缺刻上）进行取食，导致受害叶片出现多个或深或浅、形状不一的缺刻，严重受害的叶片破碎不堪，有的发生萎蔫皱缩。

5.防治方法　参照赤翅长颈金花虫防治方法。

附图

黑额光叶甲

（四）黄守瓜

黄守瓜（*Aulacophora femoralis*），属鞘翅目（Coleoptera）金花虫科（Chrysomelidae）。又名黄虫、黄萤等。

1.分布　该虫主要分布于云南、河南、山西及华东、华南等地。

2.形态特征

卵：近球形，长约0.7mm。淡黄色。卵壳背面有多角形网纹。

幼虫：共3龄，体细长，圆筒形，长约12mm。初孵时为白色，以后头部变为棕色，胸、腹部为黄白色，前胸盾板黄色。各节生有不明显的肉瘤。腹部末节臀板长椭圆形，向后方伸出，上有圆圈状褐色斑纹，并有纵行凹纹4条。

蛹：裸蛹，纺锤形。长约9mm。黄白色，接近羽化时为浅黑色。各腹节背面有褐色刚毛，腹部末端有粗刺2个。

成虫：体长卵形，长6～9mm，后部略膨大，橙黄色或橙红色。头部光滑无刻点，额宽，触角间隆起似脊。触角丝状，基节较粗壮，第二节较短，以后各节较长。前胸背板宽约为长的2倍，中央有一弯曲深横沟。鞘翅中部之后略膨阔，刻点细密，雌虫尾节臀板向后延伸，呈三角形突出，露在鞘翅外，尾节腹片末端呈角状凹缺；雄虫触角基节膨大如锥形，腹端较钝，尾节腹片中叶长方形，背面为一大深洼。

3.为害特点　成虫、幼虫都能为害。主要以成虫取食叶片，叶片被食后形成圆形缺刻，影响光合作用。

4.生活习性　1年约发生3代，成虫食性广，卵产于土面上。幼虫生活在土内，老熟幼虫在土中化蛹。

5.防治方法

（1）人工防治　利用其假死性，进行人工捕杀。

（2）化学防治　可选用90%敌百虫晶体1 000倍液、40%乐果乳油1 000倍液喷雾。

附图

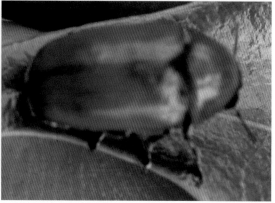

成　虫

（五）为害咖啡的其他龟甲类害虫

蓝翅瓢萤叶甲　　　　　　　　　　　拟金花虫及其为害状

变色细颈金花虫　　　　　　　　　　褐负泥虫

叩头甲

茶翅长金花虫

郑氏瘤额叶甲

3种叶甲

红 萤

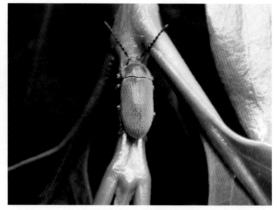
拟 步 甲

第二节　鳞 翅 目

鳞翅目昆虫种类多，仅次于鞘翅目昆虫，分布范围极广，以热带种类最为丰富。绝大多数种类的幼虫为害各类植物，体型较大者常食尽叶片或钻蛀枝干；体型较小者往往卷叶、缀叶、结鞘、吐丝结网或钻入植物组织取食为害。成虫多以花蜜等作为补充营养，或口器退化不再取食，一般不造成直接为害。咖啡还是大量鳞翅目害虫的寄主，其中的大部分是次要害虫，但偶尔也会造成严重的叶面为害。

一、木蠹蛾类（咖啡木蠹蛾）

木蠹蛾类昆虫属鳞翅目（Lepidoptera）木蠹蛾科（Cossidae），是重要的木质部蛀虫。咖啡上已记录的木蠹蛾类害虫约有10种，其中最重要的是咖啡木蠹蛾。

咖啡木蠹蛾（*Zeuzera coffeae*），属鳞翅目（Lepidoptera）木蠹蛾科（Cossidae）。又名咖啡豹蠹蛾、豹纹木蠹蛾、咖啡黑点蠹蛾。

1.分布　该虫幼虫为害大量木本植物，其中包括咖啡、可可和茶树。为害咖啡的记录见于中国、印度、斯里兰卡、缅甸、越南、菲律宾、马来西亚、印度尼西亚和巴布亚新几内亚。

2.形态特征

卵：长椭圆形，嫩黄色，常数粒、数十粒黏结在枝条上。

幼虫：长25～30mm，肉红色，头深褐色，前胸硬皮板黄褐色，前半部有一黑褐色的长方形块斑，后缘有黑色齿状突起4列。

蛹：长18～26mm，红褐色，头顶有一深色尖突。腹部各节有小刺，末节下侧有8列短刺。

成虫：长11～15mm，翅展33～36mm，灰白色，有蓝黑色斑点。触角黑色，上有白色短绒毛，雌蛾为丝状，雄蛾为羽状。中胸背板两侧各有3个蓝黑色鳞片组成的圆斑。翅白色，翅脉间密布长短不等的蓝黑色短斜斑纹，后翅外缘有8个蓝黑色圆斑。腹部被白色细毛，各节背面有3条纵带，两侧各有一个圆斑。

3. 为害特点　以木蠹蛾幼虫蛀食咖啡枝条和枝干，导致被害处以上部分萎蔫、枯死，易折断。隔一定距离向外咬1排粪孔，多沿髓部向上蛀食，被害枝基部木质部与韧皮部之间有1个蛀食环，幼虫沿髓部向上蛀食，枝上有数个排粪孔，有大量的长椭圆形粪便排出，受害枝上部变黄枯萎，遇风易折断。该虫在新植咖啡区发生多，对幼龄咖啡为害较大。成虫将卵产在幼嫩枝梢上或芽腋处，幼虫孵化后，多自顶端的几个芽腋处蛀入梢内，向上沿髓部蛀虫道，使得枝条或树干成空干，1周内受害枝条枯萎，幼虫转移到下部枝条继续取食为害，向下蛀时，可直达主干基部，且常有回转向上蛀入其他枝条之现象，转枝为害时，多从直径1cm左右的主干蛀入。每只幼虫常可蛀害3～5个枝条。

4. 生活习性　该虫在云南1年发生1代，幼虫至10月中下旬在枝内越冬，幼虫在枝干内常是向上蛀食，形成30～60cm的隧道。翌年春季枝梢萌发后，再转移到新梢为害。被害枝梢枯萎后，会再转移甚至多次转移为害。经多次转移，幼虫长大，便向下部枝条转移为害，一般侵入离地面20cm左右的主干部，蛀入孔为圆形，常常有黄色木屑排出孔外，幼虫蛀道不规则，侵入后先在木质部与韧皮部之间枝条蛀食一周，然后多数向上钻蛀，但也有向下或横向蛀食。5月上旬幼虫开始成熟，于虫道内吐丝连缀木屑堵塞两端，并向外咬一羽化孔，即行化蛹。5月中旬成虫开始羽化，羽化后蛹壳的一半露在羽化孔外，长时间不掉。成虫昼伏夜出，有趋光性。于嫩梢上部叶片或芽腋处产卵，散产或数粒在一起。7月幼虫孵化，多从新梢上部腋芽蛀入，并在不远处开一排粪孔。

5. 防治方法

（1）**农业防治**　已经蛀入树干木质部的幼虫，用铁丝捅入虫道把幼虫刺死。在该虫为害时期，每年4月以后，发现咖啡园内萎蔫枝条，及时剪出后将虫弄死。

（2）**化学防治**

① 成虫盛发期结合防治其他害虫喷10%溴·马乳油1 000倍液、20%菊·马乳油1 500倍液、20%氯·马乳油2 000倍液、40%高效氯氰菊酯乳油1 000倍液、10%联苯菊酯乳油3 000倍液、30%乙酰甲胺磷乳油1 500倍液、40%乐果乳油1 000倍液等喷洒咖啡嫩梢，杀死初蛀入幼虫。

② 幼虫初蛀入韧皮部或边材表层时，从虫道孔注入敌百虫原药10倍液或用乐果原液，然后将沾药的棉花塞入洞内，再用泥浆封住洞口，这样可以毒杀为害咖啡主干的幼虫，防效高。

为害植株症状

蛀 入 孔

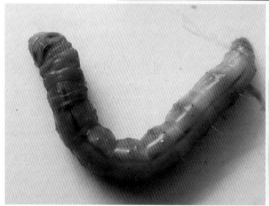

幼 虫

为害枝条后期症状

高龄幼虫

蛹　　　（李忠恒提供）

成　虫　　（李忠恒提供）

成　虫　　（段春芳提供）

二、毒蛾类

毒蛾类昆虫属鳞翅目（Lepideptera）毒蛾科（Lymantridae）。毒蛾类害虫的一个特征是体覆毛丛，其中的一些种类也取食浆果和树皮。该类成虫喙不发达，缺单眼，前翅Cu脉显若4支，幼虫具毒毛与翻缩腺的中型蛾类，该科昆虫通称毒蛾，是农林牧业的重要害虫。全世界已知约2 700种，中国约360种。为害咖啡的毒蛾种类较多，包括黄毒蛾属、盗毒蛾属、茸毒蛾属、古毒蛾属等害虫。

（一）双线盗毒蛾

双线盗毒蛾（*Porthesia scintillans*），属鳞翅目（Lepidoptera）毒蛾科（Lymantridae）。该虫为杂食性害虫，寄主范围相当广，有荔枝、芒果、莲雾、番石榴、龙眼、百香果、番茄、桃、茶等70种以上的作物。

1. 分布　国内主要分布于云南、四川、贵州、台湾等省份；国外分布于日本。

2. 形态特征

卵：扁球形，初产时乳白色，后转为暗褐色，直径约0.8mm，成块状黏合在一起，上覆黄色绒毛。

幼虫：老熟幼虫体长21～28mm，灰黑色，有长毒毛。头部浅褐色至褐色。前胸橙红色，背面有3条黄色纵纹，侧瘤橘红色，向前凸出。中胸背面有两条黄色纵纹和3条黄色横纹。后胸背线黄色。第三至七腹节和第九腹节背中有黄色纵带，其中央贯穿红色细纵线。第一、二和八腹节背面有绒球状黑色毛瘤，上有白色斑点。第九腹节背面有倒丫字形黄色斑。各腹节两侧有黑色毛瘤。

蛹：褐色，长8～13mm，背面有稀疏毛，头胸肥大，臀棘圆锥形。丝质茧为黄褐色，上有疏散毒毛。

成虫：体长9～14mm，翅展20～38mm，体暗褐色。头部和颈板橙黄色，胸部浅黄褐色，腹部褐色，腹末肛毛簇橙黄色。前翅棕褐色，微带紫色闪光；内横线与外横线黄色，向外呈波曲状弧形，有的个体不清晰；前缘、外缘和缘毛柠檬黄色，外缘黄色部分被棕褐色部分分隔成3段。后翅黄色。

3. 为害特点　以幼虫为害咖啡叶片，为害严重时吃尽叶片只剩叶脉，大量发生时会扩大为害花蕾、花器及果实，促使落花、落果。

4. 生活习性　孵化为幼虫后，初在叶片背面为害，咬食叶肉，至三龄时，移至叶片边缘为害，且因食量大增开始分散，除叶片外，也喜食花部，为杂食性害虫。一二龄幼虫群集剥食叶肉。夏季时卵期3～6d、幼虫期13～18d、蛹期8～10d、雄成虫5～8d、雌成虫5～6d；冬季时卵期6～11d、幼虫期40～55d、蛹期15～20d。在每年可出现8～9代，以6～7月种群密度最高。

5. 防治方法

（1）物理防治　定期检查树皮裂缝有无卵块、群聚之一二龄幼虫或虫茧，去除或直接修剪枝条。

（2）**生物防治**　幼虫天敌有小茧蜂科昆虫、釉小蜂及寄生蝇，应注意加以保护利用。

（3）**化学防治**　喷洒90％敌百虫晶体1 000倍液、20％氯虫苯甲酰胺水分散粒剂800 ～ 1 000倍液、2.5％功夫乳油1 000倍液或10％氯氰菊酯乳油2 500 ～ 3 000倍液。

附图

幼虫及其为害状

（二）榕透翅毒蛾

榕透翅毒蛾（*Perina nuda*），属鳞翅目（Lepidoptera）毒蛾科（Lymantridae）。

1. **分布**　国内分布于云南、浙江、福建、湖北、湖南、江西、广东、广西、四川、西藏、台湾、香港；国外分布于日本、印度、斯里兰卡、尼泊尔。

2. **形态特征**

卵：直径0.1cm，暗灰色，雌虫常产卵于叶面或树枝，幼虫身长可达3 cm，体色鲜艳，有红、黄、橘、黑色等绒毛。

幼虫：体长21 ～ 36mm，体暗色，第一至二腹节北面有茶褐色大毛丛，各节皆生有3对赤色肉质隆起，生于侧面的较大，其上皆丛生有长毛；背线部很宽，黄色；老熟幼虫水青色，背线部为暗黑色。

蛹：纺锤状，头部呈圆形，结茧是将几根坚韧的丝黏住附近的叶子，然后悬于中间。

成虫：雄成虫身长约2.5cm，体色黑，后翅顶角透明，体型细瘦；雌蛾长约3cm，通体淡黄色，体型肥大。

3. **为害特点**　幼虫为害芽、叶和浆果。初孵幼虫群集叶片背面取食叶肉，残留上表皮；二龄开始分散活动，从芽基部蛀食成孔洞，使芽枯死；嫩叶常被食光，仅留叶柄；叶片被取食成缺刻和孔洞，严重时只留粗脉；果实常被吃成不规则的凹斑和孔洞，幼果被害常脱落。

4. **生活习性**　该虫1年1代，以滞育幼虫在卵壳内越冬。翌年3月中旬孵化。幼虫一般7龄，幼虫期45 ～ 64d。在枝条或树干上化蛹，化蛹盛期为5月下旬，蛹期5 ～ 14d。羽化盛期为6月上旬。卵产在枝条或树干上。

5. **防治方法**

（1）**人工防治**　摘卵、刮卵。该虫产卵部位低、卵块大，目标明显。

（2）化学防治　参照双线盗毒蛾防治方法。

附图

幼虫及其为害状

幼虫取食嫩梢　　　　　　　　　　　　　幼虫取食浆果

（三）为害咖啡的其他毒蛾

1. 黄毒蛾

黄毒蛾幼虫及其为害状

2. 基斑毒蛾

基斑毒蛾幼虫   幼虫取食嫩叶

3. 茸毒蛾

茸毒蛾幼虫取食嫩叶

4. 其他

刚竹毒蛾幼虫为害茎秆

刚竹毒蛾幼虫为害叶片

舞毒蛾幼虫

肾毒蛾成虫

折带黄毒蛾成虫

几种毒蛾幼虫及其为害状

三、尺蠖类

尺蠖类害虫属鳞翅目（Lepidoptera）尺蛾科（Geometridae），体多细瘦，翅常宽大，停歇时翅平放，具听器，简称尺蠖蛾。幼虫名尺蠖，也称步曲或造桥虫，主要以幼虫取食为害。为世界性分布的大蛾，有万种以上。中国有1 000多种，大都是农林业的害虫。在咖啡上发现的尺蠖约有40种。

（一）大钩翅尺蛾

大钩翅尺蛾（*Hyposidra talaca*），属鳞翅目（Lepidoptera）尺蛾科（Geometridae）。

1. 分布　国内分布于云南、福建、海南、贵州；国外分布于印度、缅甸、印度尼西亚、菲律宾。寄主主要有咖啡、荔枝、龙眼、柑橘等。

2. 形态特征

卵：椭圆形，长径0.7～0.8mm，短径0.4～0.5mm。卵壳表面有许多排列整齐的小颗粒。初产卵为青绿色，2d后为橘黄色，3d后渐变为紫红色，近孵化时为黑褐色。

幼虫：共5龄。老熟幼虫体长27～45mm，体浅黄色至黄色。头浅黄色，有褐色斑纹。幼虫头部与前胸及腹部一至六节之间背、侧面有一条白色斑点带；第八腹节背面有4个白斑

点，腹面有褐色圆斑；臀足之间有一大圆黑斑，腹线灰白色，亚腹线浅黄色；气门椭圆形、筛黄色，围气门片黑色；第一腹节气门周围有3个白色斑；胸足红褐色；腹足黄色，具褐色斑，趾钩双序中带。

蛹：纺锤形，褐色；长10～25mm，宽3～5mm；气门深褐色；臀棘尖细，端部分为二叉，基部两侧各有一枚刺状突。

成虫：雌性体长16～23mm，翅展38～56mm；雄性体长12～17mm，翅展28～37mm。头部黄褐色至灰黄褐色。复眼圆球形，黑褐色。触角雌性为线状，雄性为羽毛状。体和翅黄褐色至灰紫黑色。前翅顶角外凸呈钩状，后翅外缘中部有弱小凸角，翅面斑纹较翅色略深，前翅内线纤细，在中室内弯曲；中线至外线为一深色宽带，外缘锯齿状，亚缘线处残留少量不规则小斑。后翅中线至外线同前翅，但通常较弱；前后翅中点微小而模糊；翅反面灰白色，斑纹同正面，通常较正面清晰。

3. 为害特点　主要以幼虫为害嫩梢、嫩叶，吃成缺刻，或将叶片吃光，仅剩下叶脉，影响新梢的生长。

4. 生活习性　幼虫多在晚上孵出，初孵幼虫爬行迅速，受惊扰即吐丝下垂。堆产卵孵化时常见幼虫集结成串珠状下垂，经风吹飘荡而扩散。2～3h后即行觅食。一至二龄幼虫只啃食叶片表皮或叶缘，使叶片呈缺刻或穿孔；三龄以上幼虫可食整片叶，还取食嫩梢，常将叶片吃光仅留秃枝。1d中，幼虫8：00～11：00、16：00～19：00取食频繁，烈日中午，幼虫伸直虫体紧附在枝条或叶片背面避阴。

老熟幼虫吐丝下垂或经树干爬至地表，寻找适宜场所如松土层或土缝隙处慢慢钻入，吐丝咬碎土粒做蛹室化蛹。

5. 防治方法

(1) 农业防治　清除树冠下的枯枝、落叶、杂草，减少越冬虫源。

(2) 化学防治　在幼虫幼龄期，可用90%敌百虫晶体1 000倍液，或40%高效氯氟氰菊酯乳油1 000倍液、2.5%鱼藤酮乳油300～500倍液、0.36%苦参碱可分散粒剂1 000～1 500倍液、10%氯氰菊酯乳油5 000倍液、10%联苯菊酯乳油3 000倍液防治。

附图

幼虫及其为害状

（二）大造桥虫

大造桥虫（*Ascotis selenaria*），属鳞翅目（Lepidoptera）尺蛾科（Geometridae）。又名棉大造桥虫。

1. **分布**　该虫寄主多，分布范围广，分布于云南、四川、福建等省。寄主除咖啡外，还包括荔枝、龙眼、柑橘等。

2. **形态特征**

卵：长椭圆形青绿色。

幼虫：体长38～49mm，黄绿色。头黄褐至褐绿色，头顶两侧各具一黑点。背线宽，淡青至青绿色，亚背线灰绿至黑色，气门上线深绿色，气门线黄色杂有细黑纵线，气门下线至腹部末端，淡黄绿色；第三、四腹节上具黑褐色斑，气门黑色，围气门片淡黄色，胸足褐色，腹足2对生于第六、十腹节上，黄绿色，端部黑色。大造桥虫幼虫第二腹节背面有1对锥状的棕黄色较大瘤凸，第八腹节背面同样有1对较小的瘤凸。

蛹：长14mm左右，深褐色有光泽，尾端尖，臀棘2根。

成虫：雌成虫触角丝状，雄成虫触角羽状，淡黄色。

3. **为害特点**　以幼虫取食嫩茎、叶片，常将叶片吃光，严重时吃成光秆。

4. **生活习性**　该虫年生4～5代，以蛹于土中越冬。各代成虫盛发期：6月上中旬，7月上中旬，8月上中旬，9月中下旬。成虫昼伏夜出，趋光性强，羽化后2～3d产卵，多产在地面、土缝及草秆上，大发生时枝干、叶上都可产卵，卵数十粒至百余粒成堆。初孵幼虫可吐丝随风飘移传播扩散。

5. **防治方法**　参照大钩翅尺蛾防治方法。

附图

幼虫

（三）油桐尺蠖

油桐尺蠖（*Buzura suppressaria*），属鳞翅目（Lepidoptera）尺蛾科（Geometridae）。

1.分布　该虫在云南、广东、广西、海南、福建、湖南、浙江等省份均有发生为害。寄主除咖啡外，还有柑橘等多种植物。

2.形态特征

卵：卵块长圆形或长椭圆形，卵粒重叠成堆，上面覆有黄褐色绒毛。卵粒椭圆形，青绿色，孵化前灰褐色。

幼虫：共6龄。体长70.0mm左右，幼虫背部有白斑形成的条纹，初龄灰褐色，老熟时随环境而异，显深褐色、灰绿色，头顶两侧呈角突，头部密布红褐色颗粒。低龄幼虫常用腹末的尾足牢牢地把身体固定于枝、叶上，身体撑起来如枯枝状。高龄幼虫则在荫蔽处的枝条分杈处搭桥固定，体色常随停息处的环境不同而变化。

蛹：长19.0～26.0mm，黑褐色，头顶有1对耳状突起，尾节膨大，凹凸不平，端部针状。

成虫：体长19.0～24.0mm，翅展56.0～65.0mm，灰白色，密布黑斑点。腹末有成簇黄臀鳞丛。翅上具3条黄褐色波状横纹，以亚外缘线宽阔显著，长约0.7mm，鲜绿或淡黄色。翅背面灰白色，中央有黑斑。

3.为害特点　以幼虫为害叶片，一、二龄喜食嫩叶片，三龄时将叶缘食成缺刻，四龄后食量剧增，严重发生时，可在短时间内将整株新老叶片一齐吃光，仅留叶片主脉，形成秃枝。

4.生活习性　幼虫孵化后，爬出卵块吐丝，随风飘移分散，在叶尖的背面咬食叶肉，使叶尖部干枯。严重时，咖啡园区一片赤褐色。三龄前幼虫喜在树冠外围顶部叶尖竖立，这时又是抗药力较低的时期，因此是喷药防治的好机会。三龄以后幼虫喜在树冠内，往往在枝杈口处搭成桥状，此时虫体抗药性增强，喷药防治效果较差。阴天、晚上为害猖獗，嫩叶、成熟叶都受害。每头老熟幼虫每天为害叶片5～7片，老熟幼虫晚上沿着树枝主干下爬入土化蛹，也有部分吐丝下垂入土化蛹，入土化蛹深度离地表1～3cm，且分布在主干周围50～70cm处。蛹期14～20d，在雨后土壤湿度较大的情况下羽化出土，羽化后1～2d内于晚上交尾产卵，白天栖息于咖啡树干或叶背。卵产于叶背或树干裂缝，从卵到幼虫需7～11d。在云南每年可发生4～5代，以蛹在根际表土中越冬。每年3月下旬、4月初至9月中下旬为害咖啡，其中为害严重的是6月下旬至9月。

5.防治方法

（1）农业防治

① 深翻灭蛹。

② 人工防治。在发生严重的咖啡园于各代蛹期进行人工挖蛹；根据成虫多栖息于高大树木或建筑物上及受惊后有落地假死习性，在各代成虫期于清晨进行人工捕捉，也是防治该尺蠖的重要措施；卵多集中产在高大树木的树皮缝隙间，可在成虫盛发期后，人工刮除卵块。

（2）化学防治　在幼虫低龄期，选用40%高效氯氟氰菊酯乳油1 000倍液、2.5%溴氰菊酯乳油150 ～ 300mL/hm² 等药剂防治。

附图

低龄幼虫及其为害状

高龄幼虫及其为害状

仅仅剩下叶脉 　　　　　　　　　叶片正面受害状

（四）为害咖啡的其他尺蛾科害虫

1. 小四点波姬尺蛾（*Idaea trisetata*）　属尺蛾科（Geometridae）姬尺蛾亚科（Sterrhinae）。成虫展翅11～16mm，翅面灰白色，各翅中室端皆有一枚小黑点，大小相近，前翅内、中线较模糊，外线锯齿状且于外缘的脉上具黑点排列，缘毛黄褐色，细长。

小四点波姬尺蛾

2. 微点姬尺蛾（*Scopula nesciaria*）　属尺蛾科（Geometridae）姬尺蛾亚科（Sterrhinae）。成虫翅面灰白色密布不明显的褐色斑，前后翅各有一枚小斑点，外线灰褐色，外缘翅脉端各有黑色小斑点排列。

微点姬尺蛾

3. 雌黄粉尺蛾（*Eumelea ludovicata*）　属尺蛾科（Geometridae）星尺蛾亚科（Larentiinae）。成虫展翅约50mm，雄蛾前翅橙黄色或橙红色具橙黄色的碎斑，翅端有一枚不明显的黄斑；雌蛾颜色较淡，黄褐色具不明显的褐色斑纹，白天常以倒挂的方式停栖叶背，在林中走动时常被惊动飞起，不久又钻进叶背躲藏，有些个体夜晚会趋光。主要分布于低海拔山区，为常见的种类。

雌黄粉尺蛾

四、灯蛾类

灯蛾类害虫属鳞翅目（Lepidoptera）灯蛾科（Arctiidae）。体小至大型，色彩鲜艳。触角线状或双栉齿状；喙退化或缺失；下颚须微小；下唇须短，大多上举。前翅三角形；少数种类短翅或无翅；腹部腹面两侧常有彩色斑点。幼虫体具毛瘤，生有浓密的长毛丛，毛的长短较一致，背面无毒腺。中胸在气门水平上具2～3个毛瘤。为害咖啡的主要有美国白蛾、八点灰灯蛾等。

（一）美国白蛾

美国白蛾（*Hyphantria cunea*），属鳞翅目（Lepidoptera）灯蛾科（Arctiidae）。又名美国灯蛾、秋幕毛虫、秋幕蛾，是世界性检疫害虫。

1.分布　美国白蛾分布于中国、美国、加拿大及东欧各国和日本、朝鲜等国。国内主要在北京、辽宁、山东、云南等省份。

2.形态特征

卵：圆球形，直径约0.5mm，初产卵浅黄绿色或浅绿色，后变灰绿色，孵化前变灰褐色，有较强的光泽。卵单层排列成块，覆盖白色鳞毛。

幼虫：老熟幼虫体长28～35mm，头黑，具光泽。体黄绿色至灰黑色，背线、气门上线、气门下线浅黄色。背部毛瘤黑色，体侧毛瘤多为橙黄色，毛瘤上着生白色长毛丛。腹足外侧黑色。气门白色，椭圆形，具黑边。根据幼虫的形态，可分为黑头型和红头型两型，其在低龄时就明显可以分辨。三龄后，从体色、色斑、毛瘤及其上的刚毛颜色上更易区别。

成虫：白色中型蛾子，体长13～15mm。复眼黑褐色，口器短而纤细；胸部背面密布白色绒毛，多数个体腹部白色，无斑点，少数个体腹部黄色，上有黑点。雄成虫触角黑色，栉齿状；翅展23～34mm，前翅散生黑褐色小斑点。雌成虫触角褐色，锯齿状；翅展33～44mm，前翅纯白色，后翅通常为纯白色。

3.为害特点　该虫主要以幼虫取食咖啡叶片为害，严重时将叶片食光。

4. **生活习性**　美国白蛾一年发生的代数，因地区间气候等条件不同而异。以蛹在茧内越冬，茧可在树皮下以及土壤、石片下发现。翌年春季羽化，成块产卵于叶背，覆以白鳞毛。幼虫共7龄。

5. **防治方法**

(1) **加强检疫**　疫区苗木不经检疫或处理禁止外运，疫区内积极进行防治，有效控制疫情的扩散。

(2) **人工防治**　在幼虫三龄前发现网幕后人工剪除网幕，并集中处理。如幼虫已分散，则在幼虫下树化蛹前采取树干绑草的方法诱集下树化蛹的幼虫，定期定人集中处理。

(3) **物理防治**　利用美国白蛾性诱剂或环保型昆虫趋性诱杀器诱杀成虫。在成虫发生期，把诱芯放入诱捕器内，将诱捕器挂设在林间，直接诱杀雄成虫，阻断害虫交尾，降低繁殖率，达到消灭害虫的目的。

(4) **化学防治**　在幼虫为害期做到早发现、早防治。选用40%高效氯氟氰菊酯乳油1 500倍液、2.5%高效氯氰菊酯乳油1 500倍液、2.5%溴氰菊酯乳油6 000倍液、10%联苯菊酯乳油3 000倍液喷雾，均可有效控制此虫为害。

附图

幼虫及其为害状

成　虫

（二）八点灰灯蛾

八点灰灯蛾（*Creatonotus transiens*），属鳞翅目（Lepidoptera）灯蛾科（Arctiidae）。

1.分布　分布于山西、陕西、四川、云南、西藏及华东、华中、华南等地。

2.形态特征

卵：黄色，球形，底稍平。

幼虫：体长35～43mm，头褐黑色具白斑，体黑色，毛簇红褐色，背面具白色宽带，侧毛突黄褐色，丛生黑色长毛。

蛹：长22mm，土黄色至枣红色，腹背上有刻点。

茧：薄，灰白色。

成虫：体长20mm，翅展38～54mm。头胸白色，稍带褐色。下唇须3节，额侧缘和触角黑色；胸足具黑带，腿节上方橙色。腹部背面橙色，腹末及腹面白色，腹部各节背面、侧面和亚侧面具黑点。前翅灰白色，略带粉红色，除前缘区外，脉间带褐色，中室上角和下角各具2个黑点，其中1个黑点不明显；后翅灰白色，有时具黑色亚端点数个。雄虫前翅浅灰褐色，前缘灰黄色，中室也有黑点4个，后翅颜色较深。

3.为害特点　主要以幼虫取食咖啡叶片为害，幼龄幼虫咬伤茎叶，影响树势生长。该害虫个体大，食量多，壮龄幼虫一夜会将整株咖啡树叶吃光。

4.生活习性　在云南，1年生2～3代，以幼虫越冬，翌年3月开始活动，5月中旬成虫羽化，每代历期70d左右，卵期8～13d，幼虫期16～25d，蛹期7～16d。成虫夜间活动，把卵产在叶背或叶脉附近，卵数粒或数十粒在一起，幼虫孵化后在叶背取食，末龄幼虫多在地面爬行并吐丝黏叶薄茧化蛹，也有的不吐丝在枯枝落叶下化蛹。

5.防治方法

（1）**农业防治**　耕翻土地，可消灭一部分在表土或枯叶残株内的越冬幼虫，以减少

虫源。

（2）**化学防治**　抓住成虫盛发期和幼虫三龄前用40%氰戊菊酯乳油3 000倍液、2.5%功夫乳油2 000倍液、20%灭扫利乳油2 500倍液喷施，效果都较好。

附图

成　虫

（三）巨网苔蛾

巨网苔蛾（*Macrobrochis gigas*），属鳞翅目（Lepidoptera）灯蛾科（Arctiidae）苔蛾亚科（Lithosiinea）网苔蛾属（*Macrobrochis*）。

1.**分布**　国外分布于印度、尼泊尔等；国内分布于云南、台湾、海南等省。

2.**形态特征**

幼虫：末龄幼虫体黑色至蓝黑色，密布成束的灰白色长毛，腹侧各节气孔白色，常见于树干或叶上爬行。

成虫：展翅65～80mm，头部橙红色，前翅黑色具白色的条状斑，分3条横向列，合翅时可见前列斑最长，中列斑4枚，后列斑点呈不规则的长短条状排列。前翅近基部后缘有一条白色纵斑，斑型最长，闪光灯照射下翅面呈蓝黑色或黑褐色，又称巨斑苔蛾，外观像灯蛾亚科，但在分类上属于苔蛾亚科，为苔蛾亚科中最大的昆虫，斑型具变异，尤其后翅的斑纹变异较大。

3.**为害特点**　幼虫群集在树干或叶片上取食。

4.**生活习性**　幼虫白天常出现在树干和叶面，成虫出现于4～6月，白天或夜晚趋光时可见，喜欢访花。

5.**防治方法**　在幼虫群集为害时期，采用90%敌百虫晶体1 000倍液或2.5%溴氰菊酯乳油1 000倍液进行防治。

附图

低龄幼虫

高龄幼虫

幼虫各节腹侧白色气孔

终龄幼虫布满灰白色长毛

（四）伊贝鹿蛾

伊贝鹿蛾（*Syntomoides imaon*），属鳞翅目（Lepidoptera）灯蛾科（Arctiidae）鹿子蛾亚科（Syntominae）。

1. 分布　主要分布于云南、海南、广西、广东等省份。

2. 形态特征

卵：椭圆形，表面有不规则斑纹，初产时乳白色，孵化前为褐色。

幼虫：蛞蝓形，黑褐色，体肥厚，较扁，头及体上毛瘤为橙红色，毛瘤上具橙黄色长毛。

蛹：纺锤形，长约14mm，橙黄色，腹面为鲜红色。

成虫：体长约12mm，展翅24～28mm，黑色，额黄或白色，触角顶端白色，颈板黄色，腹部基部与第五节有黄带。前翅中室下方m_1与m_3透明斑相连成一大斑，中室端半部m_2斑楔形，m_4、m_5、m_6斑较大，m_4斑上方具一透明小点，m_4、m_5斑之间在端部有一透明斑，有时缺乏，后翅后缘黄色，中室至后缘具一透明斑，占翅面1/2或稍多。

3.**为害特点**　以幼虫为害咖啡新梢嫩叶，使叶片成缺刻、孔洞状，甚至光秆状，也可取食花芽。

4.**生活习性**　伊贝鹿蛾1年发生3代，以幼虫越冬，翌年3月越冬幼虫开始取食活动，为害咖啡叶片。卵多产在叶背面或嫩梢上，通常几十列单层整齐排列，初孵幼虫先取食卵壳，后群集于嫩叶上取食叶肉组织，幼虫二龄后分散为害，随着虫龄增大，食量增大。幼虫共7龄，老熟幼虫在叶片或枝梢上吐丝结茧化蛹。

5.**防治方法**

（1）**农业防治**　结合园内管理进行捕杀或用灯诱杀成虫。

（2）**化学防治**　局部发生时选用90%敌百虫晶体2 000倍液进行防治。

附图

成　虫

（五）斑腹鹿子蛾

斑腹鹿子蛾（*Eressa confinis*），属灯蛾科（Arctiidae）鹿子蛾亚科（Syntominae）。

1.**分布**　该虫在云南、海南、台湾有分布。主要分布于低海拔区，数量多。

2.**形态特征**　成虫：展翅20～23mm，前翅暗灰褐色，翅面有2列横向白斑，前列白斑3枚，后列4枚，前胸背板及腹背中央、两侧具黄色的纵斑，此为命名的由来。雌、雄体型及斑纹近似，雄虫触角羽状，雌虫线状。本属有2种，本种体型较小，白天出现。

3.**为害特点**　以幼虫为害咖啡新梢嫩叶，使叶片成缺刻、孔洞状，甚至光秆状，也可取食花芽。

4.**生活习性**　不详。

5.**防治方法**　参见伊贝鹿蛾防治方法。

附图

成虫交尾

（六）为害咖啡的其他灯蛾类害虫

红腹鹿子蛾交尾

一种鹿蛾

五、螟蛾类（甜菜白带野螟蛾）

螟蛾类害虫属鳞翅目（Lepidoptera）螟蛾科（Pyralididae）。全世界已记载约1万种，中国已知1000余种，许多种类为农业上的重要害虫。

甜菜白带野螟蛾（*Hymenia recurvalis*），属鳞翅目（Lepidoptera）螟蛾科（Pyralididae）。

1. 分布　该虫寄主广，分布广，遍及全国各地。

2. 形态特征

卵：扁椭圆形，长0.6～0.8mm，淡黄色，透明，表面有不规则网纹。

幼虫：老熟幼虫体长约17mm，宽约2mm；淡绿色，光亮透明，两头细中间粗，近似纺锤形，趾钩双序缺环。

蛹：长9～11mm，宽2.5～3mm，黄褐色，臀棘上有钩刺6～8根。

成虫：翅展24～26mm，体棕褐色；头部白色，额有黑斑；触角黑褐色；下唇须黑褐色向上弯曲；胸部背面黑褐色，腹部环节白色；翅暗棕褐色，前翅中室有一条斜波纹状的黑缘宽白带，外缘有一排细白斑点；后翅也有一条黑缘白带，缘毛黑褐色与白色相间；双翅展开时，白带相接呈倒八字形。

3. 为害特点　幼虫吐丝卷叶，在其内取食叶肉，留下叶脉。

4. 生活习性

（1）**成虫**　成虫飞翔力弱，卵散产于叶脉处，常2～5粒聚在一起。每雌平均产卵88粒。卵历期3～10d。

（2）**幼虫**　幼虫孵化后昼夜取食。幼龄幼虫在叶背啃食叶肉，留下上表皮成天窗状，蜕皮时拉一薄网。三龄后将叶片食成网状缺刻。幼虫共5龄，发育历期11～26d。幼虫老熟后变为桃红色，开始拉网，24h后又变成黄绿色，多在表土层结茧化蛹，也有的在枯枝落叶下或叶柄基部间隙中化蛹。9月底或10月上旬开始越冬。

5. 防治方法

（1）**农业防治**　结合田间管理，剪除带虫枝叶。在产卵盛期，搜查捕灭叶背虫卵；幼虫少量为害时，用手捕杀之。

（2）**化学防治**　大面积发生为害时，用90%敌百虫晶体1000倍液或10%联苯菊酯乳油3000倍液喷杀2～3次。

附图

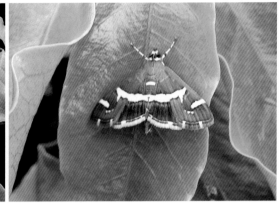

成 虫

六、羽蛾类（杨桃鸟羽蛾）

羽蛾类害虫属鳞翅目（Lepidoptera）羽蛾科（Pterophoridae）。体细长，常呈现白、灰、褐等单一颜色，花斑多不明显。下唇须较长，向上斜伸；下颚须退化；单眼缺或小；触角长，线状。足细长，后足显著长过身体，有长距，距基部有粗鳞片。静止时，前、后翅纵折重叠成一窄条向前方斜伸，与细长的身体组成Y形或T形。

杨桃鸟羽蛾（*Diacrotricha fasciola*），属鳞翅目（Lepidoptera）羽蛾科（Pterophoridae）。又名红线虫。

1.分布　该虫主要分布于我国云南、福建、海南、广东、广西、台湾等省份。

2.形态特征

卵：细小，散产，黄白色，球形，直径0.8mm，孵化前1d变深绿色。

幼虫：体细小而短，圆筒形。初孵时淡绿色，取食后变为红色，老熟幼虫体长6mm，宽2mm，背面隆起而腹面平直，粗短，体具刺生毛，红色。

蛹：长5mm，体纤细，刚化蛹时浅绿色，发育中期变成黄绿色，以后颜色逐步加深。羽化前8h，蛹体变为深黑色。

成虫：小型，翅展11～15mm，体褐色，头部淡黄色。下唇须细长，前伸，黄褐色。触角基部黄白色，其余部分淡黄褐色，散布有褐色鳞片。身体背面淡黄色，散布有褐色鳞毛，腹面黄白色。前后翅缘开裂呈羽状，前翅2～4片，基半部散布许多褐色的细鳞片，在中部分叉附近有一个横贯翅面的大黑斑，该斑的基部边缘为黄白色的横带，分叉的中部黄褐色，缘毛长，灰褐色夹杂黑、白色。后翅分3裂，达到基部，每裂片均密生羽毛状缘毛，灰褐色。足细长，并有突出的距。

3.为害特点　以幼虫取食咖啡花、叶为害，导致落花，造成产量减少。

4.生活习性　发生世代不详。成虫白天静伏在树冠内，清晨和傍晚活动。成虫趋光性弱，羽化当晚开始交配。

5.防治方法

（1）**农业防治**　采果后彻底清理果园，将枯枝落叶集中烧毁。

（2）**化学防治**　虫口密度大时可选用90%敌百虫晶体2 000倍液喷雾防治。

附图

成　虫

七、蓑蛾类

蓑蛾类害虫属鳞翅目（Lepidoptera）蓑蛾科（Psychidae）。蓑蛾科的毛虫被称为"袋虫"，因为其幼虫在用丝黏叶片或枝条碎片做成的旅行袋中生活，其中约有30种可为害咖啡。每个种的蓑袋各有特点。幼虫用丝、枝叶碎屑和其他残屑构成的袋状外壳负之而行，并在其中化蛹。体小到中型，均具有蓑囊护身，雌雄异型。雌蛾蛆状无翅，雄蛾具翅，触角双栉齿状。翅发达，蓑蛾科幼虫织成的蓑囊面有鳞片或只有鳞毛，呈半透明状，翅斑纹简单，色暗而不显，中脉在中室可见。幼虫肥大，胸足和臀足发达，腹足退化呈蹄状吸盘。幼虫吐丝造成各种形状蓑囊，囊上黏附断枝、残叶、土粒等。幼虫栖息囊中，行动时伸出头、胸，负囊移动。蓑囊与幼虫特征是识别蓑蛾种类的重要依据。为害咖啡的蓑蛾主要有茶蓑蛾、白囊蓑蛾、大蓑蛾等。

（一）茶蓑蛾

茶蓑蛾（*Clania minuscula*），属鳞翅目（Lepidoptera）蓑蛾科（Psychidae）。别名茶袋蛾、茶背袋虫、茶避债虫等。

1.分布　国内分布于云南、海南、福建、台湾、广东、广西、四川等省份。

2.形态特征

卵：椭圆形，乳黄白色。

幼虫：体长16～26mm，头黄褐色，颅侧有黑褐色并列斜纹。体暗肉红色至灰黄棕色。胸部各节的硬皮板侧面上方有1条褐色纵纹，下方各有1个褐色斑。腹部各节有黑色小突起4个。腹背中较暗，臀板褐色。

蛹：雌蛹蛆状，咖啡色，长14～18mm，腹背第三节后缘及第四至八节前后缘各具1列小齿，臀棘也具2短刺。雄蛹咖啡色至赤褐色，长10～13mm，翅芽达第三腹节后缘。腹部背面具细齿，臀刺末端具2短刺。

成虫：雌虫蛆状，无翅，体长12～16mm，头小，头、胸红棕色或咖啡色，腹部肥大乳白色。雄虫体长约13mm，有翅，翅展23～30mm，体翅暗褐至茶褐色，前胸背鳞毛长，成3条深色纵纹。前翅微具金属光泽，沿翅脉色深，近外缘近翅尖处有2个透明斑。触角双栉齿状。足发达。

3.为害特点　以幼虫取食咖啡叶片，也可为害咖啡嫩枝皮层和幼嫩浆果皮层，一龄幼虫咬食叶肉，留下一层表皮，幼虫在蓑囊中咬食叶片、嫩梢或剥食枝干、果实皮层，造成局部光秃。该虫喜集中为害。

4.生活习性　雌成虫羽化后仍留在蓑囊内，雄成虫羽化飞出后即寻找雌虫，找到雌虫后将腹部插入蓑囊进行交尾。雌虫产卵于囊内蛹壳中，卵期10～15d。幼虫孵化后从蓑囊中爬出，随风飘散到枝叶上，后即吐丝结囊。一至三龄幼虫多数只食下表皮和叶肉，留上表皮成半透明黄色薄膜，三龄后咬食叶片成孔洞或缺刻。幼虫老熟后在囊内化蛹。在云南1年发生3代。翌年3月开始活动，5月下旬开始化蛹，6月上中旬成虫羽化产卵，6月下旬幼虫孵化。全年以7～9月为害严重。

5.防治方法

（1）人工防治　人工摘除蓑囊，防止扩散蔓延。

（2）化学防治　防治适期掌握在一、二龄幼虫时，虫龄较大时，要适当提高用药浓度和药量。在幼龄幼虫期，选用90％敌百虫晶体800～1 000倍液、2.5％溴氰菊酯乳油6 000～8 000倍液、24％溴虫氰悬浮剂1 500～1 800倍液、10％氯氟氰菊酯乳油3 000倍液进行防治。喷药时必须将虫囊喷湿，以充分发挥药效。

附图

蓑　囊

蓑囊及为害状

（二）白囊蓑蛾

白囊蓑蛾（*Chalioides kondonis*），属鳞翅目（Lepidoptera）蓑蛾科（Psychidae）。又名橘白蓑蛾、白袋蛾、白避债蛾。

1.**分布**　主要分布于云南、四川、广东、广西、台湾、海南等省份。

2.**形态特征**

卵：椭圆形，细小，长0.6～0.8mm，蛋黄至鲜黄色，表面光滑。

幼虫：老熟时体长约30mm。头部褐色，有黑色点纹，躯体各节上均有深褐色点纹，规则排列。

蛹：雌蛹蛆状，雄蛹具有翅芽，赤褐色。

蓑囊：长圆锥形，灰白色，全用虫丝构成，其表面光滑，不附任何枝叶及其他碎片。

成虫：雄蛾体长8～10mm，翅展18～24mm。胸、腹部褐色，头部和腹部末端黑色，体密布白色长毛。触角栉形。前、后翅均白色透明，前翅前缘及翅基淡褐色，前、后翅脉纹淡褐色，后翅基部有白毛。雌蛾体长约9mm，黄白色，蛆状，无翅。

3.**为害特点**　主要以幼虫取食咖啡叶片，初龄幼虫食叶成网状小孔，老龄幼虫咬食叶片成孔洞缺刻，严重时可将整个叶片食光。

4.**生活习性**　白囊蓑蛾1年发生1代，以高龄幼虫在虫囊中越冬。越冬幼虫于翌年3月开始活动，6月中旬至7月中旬化蛹，6月底至7月底羽化，稍后产卵。幼虫于7月中下旬开始出现，8月上旬至9月下旬为幼虫主要为害期。幼虫多在清晨、傍晚或阴天取食。刚孵化幼虫先食卵壳，其后爬出护囊，吐丝随风飘散，停留后即吐丝结茧，围裹身体，形成蓑囊，活动时携囊而行，取食时头部伸出囊外，受惊吓时头缩回囊内，随着幼虫生长，蓑囊逐渐扩大。

5.**防治方法**　参见茶蓑蛾防治方法。

附图

蓑囊及为害状

幼虫及蓑囊

(三) 大蓑蛾

大蓑蛾 (*Clania variegata*)，属鳞翅目 (Lepidoptera) 蓑蛾科 (Psychidae)。别名：棉避债蛾、大袋蛾、大背袋虫。

1.分布　该虫分布广泛，国内主要分布于云南、福建、陕西、山东、河南、江苏、安徽、湖北、浙江、江西、湖南、台湾、广东、广西、四川、贵州、海南、西藏等；国外主要分布于日本、印度、斯里兰卡、马来西亚、俄罗斯。

2.形态特征

雄幼虫：雄性幼虫成长时，头宽3.3～3.5mm，体长17～25mm。头部黄褐，中央沿蜕裂线及额区呈白色人字形纹，颅侧略显褐色斑纹。体较细，淡黄色，斑纹、刚毛与雌性幼虫相近。胸部背面斑块黄褐色，分界不明显。腹部灰黄褐色。

雄成虫：雄蛾体长15～20mm，翅展35～44mm。体翅茶褐至暗褐色。前翅沿翅脉赭褐色，前、后缘带黄褐色，2A与3A端部1/3合并，近外缘有4～5个透明斑。后翅色稍淡，无透明斑，Sc+R与Rs脉间有一横脉。胸部背面有5条暗纵纹，背中线毛常隆起。幼虫雌雄差异明显。

雌成虫：雌性幼虫成长时，头宽5.4～5.8mm，体长30～40mm。头部赤褐色，隐现暗色斑块。胸部背板骨化，赤褐色，背中线黄白色，中、后胸背板前部呈黄白色条状，并向后凸延伸，腹面褐色。前胸气门红褐，椭圆，大而横置。腹部黑褐色，背面色较深且具光泽，多横皱。臀板钝圆骨化，赤褐色，生有4对刚毛。

蓑囊：最大时长45～65mm，橄榄形，囊壁丝层厚密坚实，灰黄褐色，囊外附有较大的碎叶，且常有少量枝梗贴附。

3.为害特点　幼虫集中取食咖啡叶片，咬叶成孔洞和缺刻，数量多时可将叶片全部吃光，仅存秃枝，还能剥食枝皮，将枝条皮层剥食一圈，致使全树枯死。也取食嫩枝皮层和幼果皮。夏季为害最烈。此虫尚能为害柑橘、茶、苹果、桃、梨、龙眼、橄榄、板栗、杨梅等多种经济作物。

4.生活习性　大蓑蛾1年发生1代，以幼虫躲在蓑囊内越冬。翌年春活动取食为害。雌成虫也在蓑囊中，并产卵于蓑囊内，每雌产卵量有2 000～3 000粒。孵化后幼虫从囊口爬出，吐丝下垂随风飘送或爬上枝叶，吐丝做小蓑囊。随着虫体增长，蓑囊也逐渐增大。11月以后幼虫封囊越冬。

5.防治方法

（1）人工防治　人工摘除蓑囊，注意保护蓑蛾疣姬蜂、松毛虫疣姬蜂、桑蟥疣姬蜂、大腿蜂、小蜂等天敌。

（2）化学防治　掌握幼虫孵化盛期或初龄阶段，选用10%氯氰菊酯乳油3 000倍液、5%高效灭百可乳油1 000倍液、15%茚虫威乳油2 500～3 000倍液、10%联苯菊酯乳油3 000倍液、24%溴虫腈悬浮剂1 500～1 800倍液防治。

附图

大蓑蛾蓑囊

幼虫

（四）其他蓑蛾

几种蓑蛾的蓑囊

几种蓑蛾幼虫

八、夜蛾类

夜蛾类害虫，属鳞翅目（Lepidoptera）夜蛾科（Noctuidae），是一类杂食性和暴食性害虫，为害寄主相当广泛。为害咖啡的主要有斜纹夜蛾、铅闪拟灯蛾和粉条巧夜蛾。

（一）斜纹夜蛾

斜纹夜蛾（*Spodoptera litura*），属鳞翅目（Lepidoptera）夜蛾科（Noctuidae）。又名莲纹夜蛾，俗称夜盗虫、乌头虫等。

1.分布　斜纹夜蛾是一类杂食性和暴食性害虫，为害寄主相当广泛，分布广，遍及全国各地。

2.形态特征

卵：扁平的半球状，初产黄白色，后变为暗灰色，块状黏合在一起，上覆黄褐色绒毛。

幼虫：体长33～50mm，头部黑褐色，胸部多变，从土黄色到黑绿色都有，体表散生小白点，各节有近似三角形的半月黑斑1对。

蛹：长15～20mm，圆筒形，红褐色，尾部有1对短刺。

成虫：体长14～20mm，翅展35～46mm，体暗褐色，胸部背面有白色丛毛，前翅灰褐色，花纹多，内横线和外横线白色、呈波浪状，中间有明显的白色斜阔带纹，所以称斜纹夜蛾。

3.为害特点　以幼虫咬食咖啡叶片、花蕾、花及果实，初龄幼虫啮食叶片下表皮及叶肉，仅留上表皮呈透明斑；四龄以后进入暴食期，咬食叶片，仅留主脉。

4.生活习性　1年发生4～5代，以蛹在土下3～5cm处越冬。成虫白天潜伏在叶背或土缝等阴暗处，夜间出来活动。每只雌蛾能产卵3～5块，每块有卵位100～200个，卵多产在叶背的叶脉分叉处，经5～6d就能孵出幼虫，初孵时聚集叶背，四龄以后和成虫一样，白天躲在叶下土表处或土缝里，傍晚后爬到植株上取食叶片。成虫有强烈的趋光性和趋化性，黑光灯的效果比普通灯的诱蛾效果明显，另外对糖、醋、酒味很敏感。为害盛发期在7～9月，也是全年中温度最高的季节。

5.防治方法

（1）农业防治

① 清除杂草，收获后翻耕晒土或灌水，以破坏或恶化其化蛹场所，有助于减少虫源。

② 结合管理随手摘除卵块和群集为害的初孵幼虫，以减少虫源。

（2）物理防治

① 点灯诱蛾。利用成虫趋光性，于盛发期点黑光灯诱杀。

② 糖醋诱杀。利用成虫趋化性配糖醋液（糖∶醋∶酒∶水=3∶4∶1∶2)加少量敌百虫诱蛾。

（3）化学防治　50%氰戊菊酯乳油4 000倍液，或20%氰马或菊马乳油2 000～3 000倍液，或2.5%功夫乳油4 000倍液，或20%灭扫利乳油3 000倍液交替使用。

附图

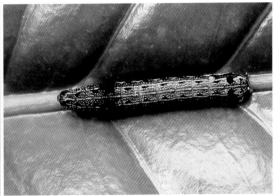

低龄幼虫

高龄幼虫

成　虫　　　　　　　　　　低龄幼虫及其为害状

（二）铅闪拟灯蛾

铅闪拟灯蛾（*Neochera dominia*），属鳞翅目（Lepidoptera）夜蛾科（Noctuidae）。

1. **分布** 国内分布于海南、云南、广东；国外分布于印度尼西亚、缅甸、泰国、菲律宾、马来西亚等。

2. **形态特征** 翅展66～80mm，头白色有一块橙黄色斑；胸、腹部白色，背面覆盖橙黄色；翅基片与后胸具黑点；腹部背面及亚侧面具黑点；翅的色泽多变，由浅至暗的铅灰色，有闪光，前翅基部有橙黄色斑及黑点，翅脉及亚中褶白色，缘毛黑白相间；后翅白色，中室端具方形闪光蓝黑色斑，外缘1列蓝黑闪光斑，或整个端部暗铅灰色。

3. **为害特点** 成虫吸食咖啡叶片及浆果汁液。

4. **生活习性** 不详。

5. **防治方法** 参照斜纹夜蛾防治方法。

附图

成　虫

成虫腹面

（三）粉条巧夜蛾

粉条巧夜蛾（*Oruza divisa*），属鳞翅目（Lepidoptera）夜蛾科（Noctuidae）。

1. **分布** 该虫在国内分布于云南、江苏、江西、台湾等省份；国外主要分布于日本、印度、斯里兰卡、新加坡、印度尼西亚。

2. **形态特征** 成虫：体长7mm，翅展19mm。头部与颈板黄褐色，胸部背面白色；前翅棕褐色，前缘有很宽的白色带，外线与亚端线明显，前缘有几个黑点，外缘1列黑点；后翅棕色，基部白色，外缘1列黑点；腹部棕色，第一节白色。

3. **为害特点** 以低龄幼虫啃食咖啡叶肉成小孔洞或缺刻。

4. **生活习性** 不详。

5. **防治方法** 参照斜纹夜蛾防治方法。

附图

粉条巧夜蛾

（四）为害咖啡的其他夜蛾

前白夜蛾   斑重尾夜蛾

中带三角夜蛾

九、刺蛾类

刺蛾类害虫在咖啡上非常常见，已记录的有60个种。成虫虫体中等大小，身体和前翅密生绒毛和厚鳞，大多黄褐色、暗灰色和绿色，间有红色，少数底色洁白，具斑纹。夜间活动，有趋光性。口器退化，下唇须短小，少数较长。雄蛾触角一般为双栉形，翅较短阔。幼虫体扁，蛞蝓形，其上生有枝刺和毒毛，有些种类较光滑无毛或具瘤。头小可收缩。有些种类茧上具花纹，形似雀蛋。羽化时茧的一端裂开圆盖飞出。刺蛾幼虫大多取食阔叶树叶，少数为果园和多种经济植物（如咖啡、茶和桑等）的常见害虫。为害咖啡的刺蛾科害虫主要有丽绿刺蛾、桑褐刺蛾、黄刺蛾。

（一）丽绿刺蛾

丽绿刺蛾（*Latoia lepida*），属鳞翅目（Lepidoptera）刺蛾科（Limacodidae）。又名青刺蛾、绿刺蛾、梨青刺蛾、四点刺蛾等。

1.分布 该虫寄主多，有咖啡、茶、油茶、油桐、苹果、梨、柿、芒果、桑、核桃、刺槐等；分布于云南、贵州、四川、西藏、台湾、海南、广东、广西、湖北、湖南等地。

2.形态特征

卵：扁平光滑，椭圆形，浅黄绿色。

幼虫：末龄幼虫体长25mm，粉绿色，背面稍白，背中央具紫色或暗绿色带3条，亚背区、亚侧区上各具1列带短刺的瘤，前面和后面的瘤红色。

蛹：椭圆形。

茧：棕色，较扁平，椭圆或纺锤形。

成虫：体长10～17mm，翅展35～40mm，头顶、胸背绿色。胸背中央具1条褐色纵纹向后延伸至腹背，腹部背面黄褐色。雌蛾触角基部丝状，雄蛾双栉齿状。雌、雄蛾触角上部均为短单相齿状，前翅绿色，肩角处有1块深褐色尖刀形基斑，外缘具深棕色宽带；后翅浅黄色，外缘带褐色。前足基部生一绿色圆斑。

3.为害特点 幼虫食害咖啡叶片，低龄幼虫取食表皮或叶肉，致叶片呈半透明枯黄色斑块。大龄幼虫食叶呈较平直缺刻状，严重的将叶片全部吃光，影响咖啡树的生长。

4.生活习性 1年生2代，以老熟幼虫在枝干上结茧越冬。翌年5月上旬化蛹，5月中旬至6月上旬成虫羽化并产卵。一代幼虫为害期为6月中旬至7月下旬，二代幼虫为8月中旬至9月下旬。成虫有趋光性，雌蛾喜欢晚上将卵产在叶背上，十多粒或数十粒排列成鱼鳞状卵块，上覆一层浅黄色胶状物。每雌产卵期2～3d，产卵量100～200粒。低龄幼虫群集性强，三至四龄开始分散，共8～9龄。老熟幼虫在咖啡树下部枝干上结茧化蛹。

5.防治方法

（1）**农业防治** 人工摘除有虫叶片，减少该虫产卵场所及食料；加强咖啡园管理，发现虫苞及时摘除，集中烧毁或深埋。

（2）**化学防治** 在潜叶期及时喷洒20%氰戊菊酯乳油4 000～5 000倍液。

附图

幼 虫

（二）褐边绿刺蛾

褐边绿刺蛾（*Latoia consocia*），属鳞翅目（Lepidoptera）刺蛾科（Limacodidae）。别名青刺蛾、褐缘绿刺蛾、四点刺蛾、曲纹绿刺蛾、洋辣子、看枣虎。

1.分布　该虫全国各地均有分布，主要为害咖啡、茶叶、核桃、葡萄、苹果等多种经济作物。

2.形态特征

卵：扁椭圆形，长1.5mm，初产时乳白色，渐变为黄绿至淡黄色，数粒排列成块状。

幼虫：末龄体长约25mm，略呈长方形，圆柱状。初孵化时黄色，长大后变为绿色。头黄色，甚小，常缩在前胸内。前胸盾上有2个横列黑斑，腹部背线蓝色。胴部第二至末节每节有4个毛瘤，其上生一丛刚毛，第四节背面的1对毛瘤上各有3～6根红色刺毛，腹部末端的4个毛瘤上生蓝黑色刚毛丛，呈球状；背线绿色，两侧有深蓝色点。腹面浅绿色。胸足小，无腹足，第一至七节腹面中部各有1个扁圆形吸盘。

蛹：长约15mm，椭圆形，肥大，黄褐色。包被在椭圆形棕色或暗褐色长约16mm似羊粪状的茧内。

茧：灰褐色，椭圆形。

成虫：体长15～16mm，翅展31～39mm。触角棕色，雄成虫触角栉齿状，雌成虫触角丝状。头和胸部绿色，复眼黑色，雄虫触角基部2/3为短羽毛状。胸部中央有1条暗褐色背线。前翅大部分绿色，基部暗褐色，外缘部灰黄色，其上散布暗紫色鳞片，内缘线和翅脉暗紫色，外缘线暗褐色。腹部和后翅灰黄色。

3.为害特点　幼虫食害咖啡叶片，低龄幼虫取食表皮或叶肉，致叶片呈不规则斑块。高龄幼虫食叶成缺刻，严重的将叶片全部吃光，影响咖啡树的生长。

4.生活习性　每年发生2～4代，以老熟幼虫在树干附近土中结茧越冬。三代成虫分别在5月下旬、7月下旬、9月上旬出现；成虫夜间活动，有趋光性，卵多成块产在叶背。幼虫孵化后在叶背群集并取食叶肉，半月后分散为害，取食叶片。老熟后入土结茧化蛹。

5. 防治方法

（1）**人工防治** 幼龄幼虫多群集取食，被害叶显现白色或半透明斑块等，甚易发现。此时斑块附近常栖有大量幼虫，及时摘除带虫枝、叶，加以处理，效果明显；同时，清除越冬虫茧。

（2）**物理防治** 大部分刺蛾成虫具较强的趋光性，可在成虫羽化期用灯光诱杀。

（3）**化学防治** 尽量选择在低龄幼虫期防治。此时虫口密度小，为害小，且虫的抗药性相对较弱。防治时用20%氰戊菊酯乳油1 500倍液，可连用1 ～ 2次，间隔7 ～ 10d。

附图

幼 虫

（三）黄刺蛾

黄刺蛾（*Cnidocampa flavescens*），属鳞翅目（Lepidoptera）刺蛾科（Limacodidae）。

1. **分布** 黄刺蛾寄主较多，分布广泛，几乎遍及我国各省、自治区、直辖市。

2. **形态特征**

卵：扁椭圆形，一端略尖，长1.4 ～ 1.5mm，宽0.9mm，淡黄色，卵膜上有龟状刻纹。

幼虫：老熟幼虫体长19 ～ 25mm，体粗大。头部黄褐色，隐藏于前胸下。胸部黄绿色，体自第二节起，各节背线两侧有1对枝刺，以第三、四、十节的为大，枝刺上长有黑色刺毛；体背有紫褐色大斑纹，前后宽大，中部狭细成哑铃形，末节背面有4个褐色小斑；体两侧各有9个枝刺，体例中部有2条蓝色纵纹，气门上线淡青色，气门下线淡黄色。

蛹：椭圆形，粗大。体长13 ～ 15mm。淡黄褐色，头、胸部背面黄色，腹部各节背面有褐色背板。

茧：椭圆形，质坚硬，黑褐色，有灰白色不规则纵条纹，极似雀卵。

成虫：雌蛾体长15 ～ 17mm，翅展35 ～ 39mm；雄蛾体长13 ～ 15mm，翅展30 ～ 32mm。体橙黄色。前翅内半部黄色，外半部褐色，有两条暗褐色斜线，在翅尖上汇合于一点，呈倒V形，内面一条伸到中室下角，为黄色与褐色两个区域的分界线。

3.为害特点　以幼虫为害咖啡叶片，可将叶片吃成很多孔洞、缺刻或仅留叶柄、主脉，严重影响树势。

4.生活习性　黄刺蛾1年发生2代。以老熟幼虫在小枝的分杈处、主侧枝以及树干的粗皮上结茧越冬。越冬代成虫于翌年4月下旬至6月上旬开始出现，第一代幼虫于5月中旬孵化为害，6月上旬为为害盛期，第二代幼虫于6月底开始为害，7月上中旬为为害盛期，7月下旬老熟幼虫在树上结茧越冬。

5.防治方法

（1）农业防治　采果后结合施肥和翻耕，将咖啡树根际附近的枯枝、落叶及表土清至行间，深埋入土。夏季低龄幼虫群集为害时，摘除虫叶，人工捕杀幼虫。

（2）化学防治　在二至三龄幼虫发生初期使用15%茚虫威乳油2 500 ～ 3 000倍液、24%溴虫腈悬浮剂1 500 ～ 1 800倍液、10%联苯菊酯乳油3 000倍液防治。

（3）生物防治　刺蛾的寄生性天敌较多，已发现黄刺蛾的寄生性天敌有刺蛾紫姬蜂、刺蛾广肩小蜂、上海青蜂、爪哇刺蛾姬蜂、健壮刺蛾寄蝇等，应保护利用。

附图

低龄幼虫

三龄幼虫　　　　　　　　　　幼虫及其为害状

高龄幼虫及其为害状 　　　　　　　　　　　　　幼虫为害叶片成缺刻

（四）胶刺蛾

胶刺蛾（*Belippa horrida*），属鳞翅目（Lepidoptera）刺蛾科（Limacodidae）。

1. 分布　分布于云南、浙江、江西、四川、福建、台湾等省份。

2. 形态特征

卵：长8～12mm，球形，乳白色至黄白色。

幼虫：末龄幼虫椭圆形，背隆起，腹面扁平，长15～22mm，幼虫背面鲜绿或浓绿或浅绿色，刺毛全部退化，背面光滑，幼虫全身无毛，柔软且伸缩自如。

蛹：长12～16mm，初乳黄色，羽化前变成黑褐色。茧椭圆形，长12～15mm，褐色至黑褐色。

成虫：体长12～16mm，翅展28～36mm，雄蛾稍小，触角基部栉形，雌蛾触角丝状。体黑混杂褐色。前翅内线不清晰，灰白色锯齿形，内线侧黑褐色。

3. 为害特点　幼虫取食咖啡叶片造成缺刻，为害严重时把叶片全部食光，受害状特别明显。

4. 生活习性　云南1年生1代，以老熟幼虫在茧内越冬，4月下旬开始化蛹，5月中下旬进入化蛹高峰期，蛹期27～48d，6月上旬开始成虫羽化，20～30d为成虫羽化盛期，2～3d后交配产卵。卵散产在叶面上，每叶1粒或2～4粒，卵期11～18d，幼虫期39～58d，7月中下旬至9月中旬是幼虫为害期，老熟后下树结茧越冬。

5. 防治方法

（1）**农业防治**　人工捕捉；及时耕翻，杀灭土壤中的茧。

（2）**生物防治**　提倡用贝刺蛾绒茧蜂（*Apanteles belippocola*）进行生物防治。

附图

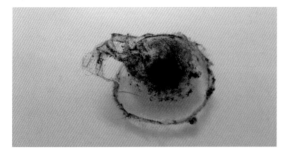

蛹 　　　　　　　　　　　　　　　成　虫

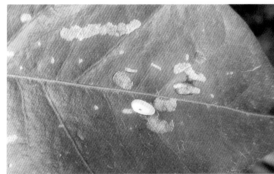

低龄幼虫为害状

高龄幼虫及其为害状

高龄幼虫被寄生蜂寄生

刺蛾绒茧蜂

被刺蛾绒茧蜂寄生的幼虫

（五）铜斑褐刺蛾

铜斑褐刺蛾（*Setora nitens*），属鳞翅目（Lepidoptera）刺蛾科（Limacodidae）。以幼虫取食咖啡叶片为害。

1. 分布　国外分布于印度、越南、老挝等；国内分布于云南、广西、贵州等地。

2. 形态特征　成虫：翅展32～33mm。身体黄褐色；前翅黄褐带紫色，散布着许多雾状黑点，中线以内的前缘和外缘色较灰，中线和外线暗褐色，前者从前缘2/3向内斜伸至后缘基部1/3，稍外曲，外衬亮边，后者从前缘几乎与中线同一点伸出，直向外斜伸至臀角，外衬双波形铜色带，从翅尖到外线间的前缘有一近三角形灰色斑；后翅褐黄色。

3. 为害特点　幼虫取食咖啡叶片造成缺刻，为害严重时将叶片全部食光。

4. 生活习性　不详。

5. 防治方法　参照黄刺蛾防治方法。

附图

低龄幼虫及其为害状

幼 虫

（六）为害咖啡的其他刺蛾幼虫

附图

几种为害咖啡的刺蛾幼虫

十、卷叶蛾类

卷叶蛾类害虫属鳞翅目（Lepidoptera）卷叶蛾科（Tortricidae）。俗称卷叶虫、叠叶虫等。成虫为中小型，体翅多为褐色或棕褐色。前翅近长方形，似桨状，多生斑纹。休止时，前翅覆于体背，如同一座吊钟。幼虫较活泼，能用丝将芽、叶卷结并潜伏在里面取食，故称卷叶蛾。

（一）三角星小卷蛾

三角星小卷蛾（*Statherotis leucaspis*），属卷叶蛾科（Tortricidae）。别名黄三角黑卷叶蛾、三角巨星卷叶蛾。

1.分布　分布比较广泛，可常年发生。除为害咖啡外，还为害荔枝、龙眼、柑橘等经济作物。

2.形态特征

卵：长椭圆形，长0.52～0.55mm，宽0.25～0.3mm，正面中央稍拱起，卵表有近正六边形的刻纹。初产乳白色，将孵化时呈黄白色。

幼虫：初孵体长约1mm，头黑色，胴部淡黄白色，二龄起头呈黄绿或淡黄色，胸部淡黄绿色。老熟幼虫至预蛹期灰褐或黑褐色。头部单眼区黑褐色，两后颊下方各有一近长方形的黑色斑块。前胸背上有12根刚毛，中线淡白色。气门近圆形，周缘黑褐色。腹足趾钩三序全环，臀足为三序横带。

蛹：体长8～8.5mm，宽2.3～2.5mm。初蛹时全体淡黄绿色，复眼淡红色，第九至十腹节橘红色。中期头橘红色，复眼、中胸盾片漆黑色，翅芽和腹部黄褐至红褐色。羽化前翅芽呈黑色并可透视前翅的黄三角斑块。胸背蜕裂线隆起明显，舌状突末端伸至后胸2/3处。

成虫：体长7～7.5mm，翅展17～18mm。雌、雄触角均为丝状，基部较粗，黑褐色，前翅在前缘约2/3处有一淡黄色三角形斑块。后翅前缘从基角至中部灰白色，其余为灰黑褐色。

3.为害特点　幼虫为害咖啡新梢嫩叶，造成叶片残缺破碎，干枯脱落。

4.生活习性　成虫多于白天羽化，以14：00～17：00最盛。成虫白天在地面的落叶或杂草丛中停息，晚间交尾产卵；产卵前期1～2d。卵散产在已经萌动的芽梢复叶上的小叶缝隙间，也有产在腋芽上或小叶的叶脉间。在同一复叶上通常着卵1粒，偶有2粒。初孵幼虫从卵的底部钻出，在着卵处先将幼嫩组织咬成一伤口取食，不久便离开卵壳潜入小叶或复叶夹缝中，吐丝粘连成简单的虫苞。随着叶片的迅速伸展和虫龄的增大，幼虫便转移另结新苞为害。一般一叶一苞，少数多叶一苞。幼虫结苞时常将叶片斜或纵卷为多层圆柱形，或吐丝将小花穗粘连成苞，幼虫居中取食。幼虫受到扰动则剧烈跳动。老熟幼虫下坠地面在落叶或杂草叶片上，咬卷叶缘结成一严密的小苞后即吐丝结成薄茧，化蛹其中。

5.防治方法

（1）**人工防治**　冬季清园，修剪病虫害枝叶，扫除树盘的地上枯枝落叶，消除部分虫源；结合中耕除草，铲除园内的杂草，减产越冬虫口基数。在新梢期、花穗抽发期和幼果期，巡视果园或结合疏花、疏果、疏梢，发现有卷叶虫苞、花穗、弱密梢和幼果受害时，加以捕杀。

（2）**化学防治**　除强调科学使用化学农药来保护天敌以发挥天敌的自然控制作用外。对虫口密度较大的果园，在新梢、花穗抽发期和在谢花至幼果期做好虫情调查，掌握幼虫初孵至盛孵时期，及时喷药1～2次。可选用90%敌百虫晶体800倍液，或2.5%溴氰菊酯乳油1 000倍液或10%氯氰菊酯乳油2 000倍液，或其他菊酯类杀虫剂混配生物杀虫剂。

附图

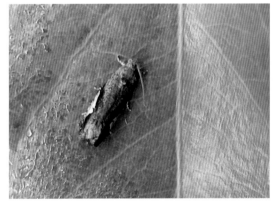

成　虫

（二）柑橘长卷蛾

柑橘长卷蛾（*Homona coffearia*），属鳞翅目（Lepidoptera）卷叶蛾科（Tortricidae）。又称褐带卷叶蛾。

1.分布　国内分布于云南、江西、湖南、四川、西藏、福建、广东、海南、台湾；国外分布于印度、泰国、马来西亚、印度尼西亚、斯里兰卡。

2.形态特征

卵：椭圆形，长约0.8mm，初产乳白色，后渐呈黄白色，孵化时为褐色。

幼虫：末龄幼虫体长22～24mm，体宽2.5～2.6mm，头黑褐色，头顶沿中线下凹甚多。颅中沟甚短。前胸背片前缘约1/5为灰白色，余为黑褐色；中胸和各体节均为黄绿色，背具长刚毛。前、中足黑色，后足淡黄绿色。腹足4对，趾钩为环形，单行3序；臀足1对，趾钩单行3序横带，肛门上方具臀栉。

蛹：体长8～13mm，一般为黄褐色。

成虫：雌成虫体长10～12mm，翅展20～26mm；雄成虫体略小，体长8～10mm，翅展20mm左右。触角丝状。前翅略呈长方形，黄褐色，具前缘折，基部有褐色斑纹，前缘中部有一行深褐色宽带向内缘斜伸，顶角尖端黑褐色；后翅淡黄色。雄蛾前翅肩部边上卷折明显。

3. 为害特点　以幼虫为害咖啡幼叶，幼虫吐丝将嫩叶结缀成团，且匿居其中取食为害。被害严重时，幼叶残缺破碎、枯死脱落。除为害咖啡外，还为害柑橘、龙眼、荔枝等。

4. 生活习性　以幼虫在树上卷叶内越冬，翌年2月中旬羽化出成虫。成虫在清晨羽化，当晚即可交尾，交尾后3～4h即可产卵，也有延至翌晨产卵。卵多产在叶面主脉附近或稍凹处。每雌蛾一生产卵2～3块，孵化后的幼虫迅速分散活动。幼虫吐丝粘连嫩叶、小花穗等结成虫苞，虫苞较其他卷蛾的大。幼虫潜居其中取食为害。老熟幼虫化蛹在叶苞里，或转移到老叶上将邻近的老叶叠置一起，幼虫则在其间吐丝结薄茧后化蛹。

5. 防治方法　参照三角星小卷蛾防治方法。

附图

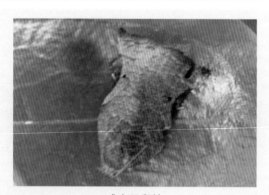

成虫及卵块

（三）为害咖啡的其他卷叶蛾

卷叶状

两种卷叶蛾幼虫

两种卷叶蛾成虫

茶小卷叶蛾   小卷叶蛾成虫

十一、斑蛾类

斑蛾类害虫属鳞翅目（Lepidoptera）斑蛾科（Zygaenidae）。为害咖啡的斑蛾类害虫主要有黄角红颈斑蛾（*Arbudas leno*）、蝶形锦斑蛾（*Cyclosia papilionaris*）和豹点锦斑蛾（*Cyclosia panthona*）。

1. 分布　斑蛾类害虫分布于云南、海南、福建、广东、台湾等省份。

2. 形态特征

幼虫：头部小，缩入前胸内，体具扁毛瘤，上生短刚毛。趾钩单序中带式。

成虫：斑蛾科昆虫体小型至中型，身体光滑，颜色常鲜艳夺目。有单眼，口器发达，喙及下唇出，下颚须萎缩，触角简单，丝状或棍棒状，雄蛾多为栉齿状；翅脉序完全，前、后翅中室内有M脉主干，后翅亚前缘脉（Sc）及胫脉（R）中室前缘中部连接，后翅有肘脉（Cu）；翅面鳞片稀薄，呈半透明状。翅多数有金属光泽，少数暗淡，身体狭长，有些种在后翅上具有燕尾形突出，形如蝴蝶。成虫白天飞翔在花丛间，飞翔力弱。

3. 为害特点　以幼虫为害咖啡叶片，将叶片食成缺刻，严重时将叶片吃光。

4. 生活习性　不详。

5. 防治方法　参见卷叶蛾类害虫防治方法。

附图

黄角红颈斑蛾

蝶形锦斑蛾成虫

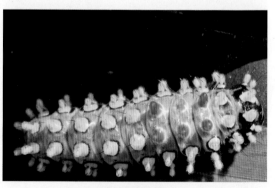

蝶形锦斑蛾幼虫

豹点锦斑蛾

十二、天蛾类（咖啡透翅天蛾）

咖啡透翅天蛾（*Cephonodes hylas*），属鳞翅目（Lepidoptera）天蛾科（Sphingidae）。

1.分布 国内分布于云南、广西、四川、台湾、浙江、江西、福建；国外分布于日本、缅甸、斯里兰卡、印度、澳大利亚等。

2.形态特征

卵：长0.9～1.0mm，近球形，初产时浅绿色，孵化时黄绿色。

幼虫：共5龄，初龄幼虫5～7mm，体黄绿色，腹部第八节背面具黑色尾角，胸、腹（除腹末部）具黑灰色4分支的刚毛。末龄幼虫体长52～65mm，浅绿色。头部椭圆形。前胸背板具颗粒状突起，各节具沟纹8条。亚气门线白色，其上生黑纹；气门上线、气门下线黑色，围住气门；气门线浅绿色。

蛹：长25～38mm，红棕色，后胸背中线各生1条尖端相对的突起线，腹部各节前缘具细刻点，臀棘三角形，黑色。

成虫：体长22～31mm，翅展45～57mm，纺锤形。触角墨绿色，基部细瘦，向端部加粗，末端弯成细钩状。胸部背面黄绿色，腹面白色。腹部背面前端草绿色，中部紫红色，后部杏黄色；各体节间具黑环纹；五、六腹节两侧生白斑，尾部具黑色毛丛。翅基草绿色，翅透明，翅脉黑棕色，顶角黑色；后翅内缘至后角具绿色鳞毛。

3.为害特点 以幼虫取食咖啡叶片为害，一般初龄幼虫取食叶肉，造成小斑点；二龄始蚕食叶片，造成小孔洞；三龄蚕食叶片，成不规则缺刻；四龄幼虫食量渐增；五龄幼虫为暴食期，食量大，为害严重时，叶片被食光。

4.生活习性 成虫于0：00～6：00羽化，当日傍晚交尾，第二天产卵。产卵前先在寄主植物上空飞翔，然后像蜻蜓点水一样，迅速在咖啡上产卵，卵散产，多产于嫩叶背面，也有极少数产于枝芽和老叶背面的，一般每片叶上产1粒卵。幼虫日夜均可孵化，初孵幼虫先吃掉卵壳，1～2h后取食嫩叶表皮，进入二龄时取食叶缘或穿孔咬食叶片，四龄后食量骤增且能食老叶。老熟幼虫在化蛹前停食1d，从树上爬到土里，入土化蛹羽化或越冬。

5.防治方法

（1）**人工防治**　人工捕捉幼虫和挖蛹，咖啡透翅天蛾幼虫多集中在枝梢嫩叶上为害，且树一般不高，在三龄以后捕捉幼虫或利用此虫化蛹入土不深的特点，在越冬期可挖除虫蛹，减少越冬虫口。

（2）**化学防治**　在二至三龄幼虫发生初期使用15%茚虫威乳油2 500～3 000倍液、24%溴虫腈悬浮剂1 500～1 800倍液、10%联苯菊酯乳油3 000倍液防治。

附图

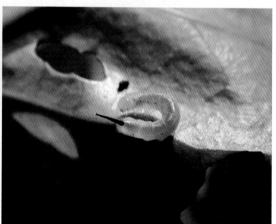

幼虫及其为害状

蛹

成虫

十三、燕蛾类（一点燕蛾）

燕蛾类害虫属鳞翅目（Lepidoptera）燕蛾科（Uraniidae）。是白昼飞翔，色彩美丽，形似凤蝶的中大型蛾类。本科昆虫通称燕蛾。大部分产于热带和亚热带。全世界已知约750

种，中国现知有7种。燕蛾科成虫雌蛾听器位于腹部侧面，雄蛾听器则位于腹部两侧，无翅缰，触角线形；幼虫腹足俱全，有些幼虫体被白色蜡丝；蛹有丝茧，部分幼虫的寄主是大戟科和茜草科植物。

一点燕蛾（*Micronia aculeata*），属鳞翅目（Lepidoptera）燕蛾科（Uraniidae）。

1. 分布　该虫分布于低中海拔山区，停栖时展翅，数量稀少。目前在云南、台湾有分布。

2. 形态特征　中小型，翅面白色，前翅密布横向的细纹，中央有3条灰紫色的横带，后翅斑纹近似前翅，后翅具尾突，内各有1枚黑色圆斑。

3. 为害特点　以幼虫取食咖啡叶片为害，使叶片造成缺刻。

4. 生活习性　不详。

5. 防治方法　参照天蛾类害虫防治方法。

附图

成　虫

第三节　半　翅　目

为害咖啡的半翅目害虫包括蚧类、蚜虫类、蜡蝉类、沫蝉类、蟑类等，共16科34种。

一、蚧类

介壳虫是半翅目（Hemiptera）同翅亚目（Homoptera）蚧总科（Coccoidea）昆虫的统称，是一类小型昆虫，大多数虫体上被有蜡质分泌物。雌雄异体，雌虫无翅，雄虫有1对膜质前翅，后翅特化为平衡棒。体外被有蜡质介壳。卵通常埋在蜡丝块中、雌体下或雌虫分泌的介壳下。每一种介壳虫有一定的寄主范围，侵袭寄主的根、树皮、叶、枝及果实。咖啡上常见的介壳虫有咖啡盔蚧、咖啡绿蚧、柑橘粉蚧、根粉蚧、垫囊绿绵蜡蚧、广白盾蚧等。

（一）咖啡盔蚧

咖啡盔蚧（*Saissetia coffeae*），属同翅亚目（Homoptera）蜡蚧科（Coccidae）。是热带亚热带地区常见的害虫，其食性广，多为害经济作物，如柚子、柑橘、柠檬等30多种。

1. 分布　该虫寄主较多，分布较广泛，全国大多地区均有分布。

2. 形态特征

卵：长卵形，橙黄色，长约0.2mm。

若虫：体卵形，口器发达，极长，伸过腹部末端。触角相当长，一至三节分节明显，第一节极大，第二节圆柱形，第三节极短，第四节极长，第五节微曲有毛，很长，具环状纹。体色橙黄，体长0.23～0.25mm。

雌成虫：介壳圆形，紫褐色，边缘淡褐色，中央隆起，壳点在中央，呈脐状，颜色黄褐或全黄。介壳直径约2mm。虫体倒卵形，头胸部最宽，胸部两侧各有一刺状突起，臀板边缘有臀角3对。第一、二对大小和形状均相似，内外缘各有一凹陷；第三对内缘平滑，外缘呈齿状。缘鬃先端呈锯齿状，在第一至二臀角之间各有2根，在第二至三臀角之间3根，围阴腺孔4～5群。

雄成虫：介壳紫褐色，边缘部分为白色或灰白色，长椭圆形，后端延长，色灰白，长约1mm，宽约0.7mm。虫体橙黄色，足、触角、交尾器及胸盾片为褐色，体长0.75mm，翅透明。

3. 为害特点　可为害咖啡树干、枝、叶和果实。以成虫、若虫在叶片、枝条上吸食汁液；枝干受害，表现为表皮粗糙，树势减弱；嫩枝受害后生长不良；叶片受害后叶绿素减退，出现淡黄色斑点；果实受害后，表皮有凹凸不平的斑点，品质降低，并且其分泌的蜜露易引起煤污病发生。

4. 生活习性　1年发生3～6代，后期世代重叠，主要以若虫越冬。初孵若虫盛发期第一代5月中旬，第二代7月中旬，第三代9月上旬，第四代11月下旬。完成一世代经过的天数，第一代60d，第二代50d，第三代80d，第四代175d。雌虫蜕皮2次共3龄，雄虫蜕皮1次，经蛹期羽化为成虫。雌成虫产卵期长达7～56d，寄生于果实上的雌成虫，每头平均繁殖若虫145头；寄生于叶上的雌成虫平均每头繁殖若虫80头。雄成虫寿命4d左右。雌盔蚧产卵期长达2～8周，卵不规则地堆积于雌介壳下面。随着产卵，雌虫体向前端收缩，让出的空隙被先后产出的卵充满。初孵若虫活动能力强，可到处爬行，爬出母壳，转移到新梢、嫩叶、果实上取食。雌虫多固定在叶背及果实表面，在叶背边缘者较多，雄虫多固定在叶面。

5. 防治方法

（1）农业防治

① 重剪虫枝，结合用药挑治，加强肥水管理，增强树势。

② 搞好虫情测报，重点防治第一代若虫。在确定第一代若虫初见之后的21d、35d、56d各喷1次药。

（2）化学防治　防治若虫可选70%吡虫啉水分散粒剂、5%啶虫脒乳油、40%乐果乳油、1.8%阿维菌素乳油，其应用浓度为1 000～2 000倍液；防治雌成虫可任选一种前述有机磷农药加上机油乳剂兑水后喷布，其混配的体积比依次为1∶60∶3 000(有机磷农药∶机油乳剂∶清水)。

（3）生物防治　保护利用天敌，将药剂防治时期限制在第二代若虫发生前或在果实采收后，可少伤天敌。天敌有草蛉、蚜小蜂、跳小蜂等。

附图

为害叶正面 为害叶背面

为害茎秆

为害嫩梢

（二）咖啡绿蚧

咖啡绿蚧（*Coccus viridis*），属同翅亚目（Homoptera）蚧总科（Coccoidea）绿蚧属（*Coccus*）。又名咖啡绿软蜡蚧。咖啡绿蚧属于刺吸式口器害虫，通过口针刺吸植株营养汁液而发生为害，是小粒咖啡的重要害虫之一，主要为害小粒咖啡植株的叶片、幼嫩的枝条和果实。寄主除咖啡外还有芒果、柑橘、油棕等。

1．分布 国外分布于非洲、东南亚各国、印度洋和太平洋多数岛屿等；国内分布于云南、广东、广西、海南等热带亚热带地区。

2．形态特征

卵：圆形，体边缘扁平，中间稍微突起。初产为白色透明，后期为黄色不透明。

若虫：共6龄。第一龄有足和触角，能够爬行，是最主要的分散传播龄期；初孵若虫在母体下面作短时间停留，然后分散，四处爬行活动，寻找适宜的生活场所，定居后进行取食，不再移动。初龄若虫的爬行扩散，除决定在原寄主部位分布外，也有向邻株扩散为害。

成虫：虫体绿色，长2～4mm，雌虫体卵形或椭圆形，中部稍宽，两端稍狭，体扁平或稍隆起，体背中部有深色纵向弯曲的纹带。体后胸部有管状腺，在腹部腹面第五至八腹节上，各具1对体毛。无翅，虫体背面不分节。成虫则因足和触角退化而固定不动。

3．为害特点 主要为害咖啡植株的叶片、幼嫩的枝条和果实，无论成年树或幼苗均可受害。主要分布在叶脉两侧，在嫩枝上则多分布在纵形的稍微凹陷处，成虫和若虫附在叶、枝、果上直接吸取寄主液汁，尤以幼嫩部分受害较重，除直接吸取寄主汁液外，它还排蜜露积聚在叶片上，诱导煤烟病大量发生，严重影响咖啡植株的光合作用，植株被害后，树势衰退，严重时幼果果皮皱缩，干枯变黑，使产量及质量下降。一般受害较重的咖啡园可直接减产20%以上。

4．生活习性 咖啡绿蚧1代需28～42d，该虫孤雌生殖，卵产于母体下，初孵化的若虫在母体下短暂停留，而后分散外出，非常活跃，四处爬行，寻找适宜的场所，定居后不再移动。与环境的关系：在高温干旱季节发生数量较多，在阴雨季节虫口密度急剧下降，主要原因是容易被真菌寄生；在低温季节该害虫的繁殖速度下降，为害程度也减轻。常受蚁类保护，重要天敌有瓢虫和寄生蜂。

在云南干旱季节该虫发生严重，阴湿和通风不良的环境，对此虫的生活和繁殖有利。雨季月份以后由于雨量集中、空气湿度大，有利于绿蚧天敌寄生菌如芽枝霉、球囊菌和笋尖孢霉等的发生与寄生，这在很大程度上抑制了咖啡绿蚧单株虫口数量的繁殖扩大。另外绿蚧天敌中的肉食性昆虫如大红瓢虫（*Rodolia rufopilosa*）、红环瓢虫（*R. limbata*）、二星瓢虫（*Chilocorus tristis*）以及内寄生天敌膜翅目中的小蜂科种类对咖啡绿蚧的种群数量也有一定的控制作用。

2～3月为咖啡抽生幼嫩枝叶和花芽分化及始花期，咖啡植株的幼嫩组织较多，有利于咖啡绿蚧快速繁殖与扩散传播；5～6月由于虫口基数积累较大，产生的后代第一龄若虫基数较大，有利于扩散传播；9～10月为害较轻。

5．防治方法

（1）**农业防治** 加强栽培管理，进行修枝整形，驱除蚂蚁。

（2）化学防治　该虫盛发期可用1%甲维盐乳油、25%噻虫嗪水分散粒剂、1.8%阿维菌素乳油、70%吡虫啉水分散粒剂、2.5%鱼藤酮乳油、2.5%乙酰甲胺磷乳油、20%扑虱灵乳油、0.30%苦参碱水剂、10%氯氰菊酯乳油等1 000～1 500倍液防治。

（3）生物防治　咖啡绿蚧有多种寄生和捕食性天敌（大红瓢虫、红环瓢虫、二星瓢虫等），应加以保护利用。

附图

为害成熟叶片

咖啡绿蚧受蚂蚁保护

为害嫩梢

为害浆果

为害枝条

为害浆果

为害绿色浆果及枝条

引起绿色浆果煤烟病

叶片、枝条诱发煤烟病

整株受害状

（三）柑橘粉蚧

柑橘粉蚧（*Planococcus citri*），属同翅亚目（Homoptera）粉蚧科（Pseudococcidae）臀纹粉蚧属（*Planococcus*）。又名橘粉蚧，主要为害咖啡、柑橘、梨、苹果、葡萄、石榴、柿等。

1. **分布**　柑橘粉蚧分布较为广泛，在几乎所有咖啡种植区均有分布。

2. **形态特征**

卵：椭圆形，淡黄色或橙黄色。

若虫：初孵若虫椭圆形，体扁平，淡黄色，无蜡粉和蜡丝，腹末有尾丝1对，固定取食后，分泌蜡质粉覆盖身体，并分泌出针状的蜡刺。二、三龄若虫卵圆形，个体较头小，体被有蜡粉和蜡丝，但较薄。

雌成虫：卵圆形，胸、腹部分界不明显，体长3.0～4.0mm，宽2.0～2.5mm，肉为淡红色或黄褐色，背面体毛长而粗，腹面体毛纤细，全体被分泌的白蜡粉覆盖，背中腺上蜡粉较薄，腹部末端较为明显。体缘有18对白色细蜡丝，从头部向后渐变长，腹部末端一节最长，肉眼可见。足3对，产卵前在腹部末端形成白色絮状卵囊，并将卵产于其中。雌虫肛门周围常有刺毛（环毛）。

雄成虫：栗褐色，体型较小，头、胸、腹分界明显，体长0.8mm，翅1对，淡蓝色半透明状，腹末有白色细长尾丝1对。

3. **为害特点**　主要为害咖啡嫩梢、嫩枝、叶、浆果等，常群集在荫蔽处取食汁液，群集在叶柄、枝叶交叉处取食，叶背、嫩梢都是该虫取食的部位。果蒂被害时，可引起落果。同时该虫的排泄物可引诱蚂蚁上树，诱发煤烟病，严重影响咖啡植株生长和品质。

4. **生活习性**　在云南每年发生4～6代，一年四季均见为害，无明显的越冬现象。6～9月发生最为严重，雌成虫和若虫不固定生活，终生均能活动爬行。第一代若虫多在叶背、叶柄、果蒂及枝干伤疤处为害，第二、三代若虫则多在果蒂部为害。

初孵幼虫经一段时间的爬行后，多群集于嫩叶主脉两侧及枝梢的嫩芽、腋芽、果蒂处或两果相接、两叶相交处定居取食。每次蜕皮后稍作迁移，喜欢生活在阴湿稠密的咖啡树上。

5. **防治方法**

(1) **农业防治**　加强园地栽培管理，剪除过密枝梢和带虫枝，集中烧毁，使树冠通风透光，降低湿度，减少虫源，减轻为害。

(2) **化学防治**　在幼虫初孵若虫阶段，取食前虫体都无分泌物，对农药较为敏感，应掌握初孵若虫盛发期，适时喷药。可选用90%敌百虫晶体1 000倍液加0.2%洗衣粉，每隔5～7d 1次，共喷2次；也可选用40%乐果乳油1 000倍液防治。

(3) **生物防治**　保护天敌，包括粉蚧三色跳小蜂、粉蚧长索跳小蜂、粉蚧蓝绿跳小蜂、圆斑弯叶毛瓢虫、黑方突毛瓢虫和台湾小瓢虫等，这些天敌能有效地控制粉蚧的为害。

附图

为害嫩梢

为害茎秆及叶片

为害果蒂

为害后期引发煤烟病

为害绿色浆果

为害树干

为害嫩枝

（四）咖啡根粉蚧

咖啡根粉蚧（*Planococcus lilacinus*），属同翅亚目（Homoptera）粉蚧科（Pseudococcidae）。又名可可刺粉蚧。

1.分布　该虫分布较为广泛，几乎所有咖啡产区均有分布。

2.形态特征

卵：椭圆形，全身乳白色。

若虫：出孵若虫触角4节，与雌虫相似，略小。

雌虫：长椭圆形，两边平行，体色全身为乳白色至淡黄色，全身覆盖白色蜡粉，头胸无明显界限，触角5～7节，多毛，体背有背唇裂2个，第三、四腹面各有一个圆形斑，前一个小，后一个大，肛环上有6根刚毛，足3对。

雄虫：纺锤形，触角及足淡灰色，全身淡黄色，覆盖白色蜡粉，口器、眼及翅均退化，头小，头胸无明显界限，触角7节，念珠状，足发达，爪上有少数细毛，腹部9节，生殖器短。

3.为害特点　咖啡根粉蚧主要为害咖啡根部，以若虫和成虫寄生在咖啡根部吸食植株汁液，常在咖啡根部周围布满白色绵状物。初期在根颈2～3cm深处为害，后逐渐蔓延至主根、侧根，遍布整个根系，吸食其液汁。常和一种真菌共生，为害后期菌丝体在根部外结成一串串灰褐色瘤包，将粉蚧包裹其中，借以掩护繁衍，严重消耗植株养分及影响根系生长，使植株早衰，叶黄枝枯，最后因根部发黑腐烂，整株凋萎枯死。

4.生活习性　咖啡根粉蚧一般1年发生2代，以若虫在土壤湿润的寄主根部越冬，翌春3～4月为第一代成虫盛期，6～7月为第二代成虫盛期。世代重叠，一般完成一个世代约60d，卵期2～3d，若虫期50d，雌成虫寿命15d，雄成虫寿命3～4d。主要靠蚂蚁传播，同时蚂蚁取食其分泌的蜜露，起保护作用。一般喜在土壤肥沃疏松、富含有机质和稍湿润的咖啡园发生。

5.防治方法　该虫盛发期用1%甲维盐乳油、25%噻虫嗪水分散粒剂、1.8%阿维菌素乳油、10%吡虫啉可湿性粉剂、2.5%鱼藤酮乳油、20%扑虱灵乳油、0.30%苦参碱水剂、10%氯氰菊酯乳油等1 000～1 500倍液进行灌根处理。

附图

咖啡根粉蚧

咖啡根粉蚧及其为害状

（五）垫囊绿绵蜡蚧

垫囊绿绵蜡蚧（*Chloropulrinavia psidii*），属同翅亚目（Homoptera）蚧总科（Coccoidea）。别名刷毛绿绵蚧、柿绿绵蚧、柿绵蚧、咖啡绿绵蚧、绵垫蚧。

1. 分布　该虫是一种多食性害虫，主要分布于云南、福建、安徽、湖北、江西、湖南、台湾、广东、广西、四川。国外分布于日本、印度、菲律宾、印度尼西亚及非洲、大洋洲、欧洲、美洲等地。寄主广泛，包括茜草科、番荔枝科、樟科、蔷薇科、海桐花科、木棉科、大戟科、桃金娘科、芸香科、漆树科、木犀科、菊科、茶科、桑科、柿科等植物。

2. 形态特征

卵：淡黄色。

若虫：椭圆形，淡绿黄色，略扁平，近透明。

成虫：雌成虫虫体淡黄绿色，椭圆形，背面中央稍隆起，体背披覆一层薄的蜡质，有黏着性，腹端有一臀裂，终生具有足及触角，成熟雌虫腹端分泌白色蜡质绵状物把虫体垫起，形成垫囊。

3. 为害特点　以成虫、若虫在咖啡新梢和叶片、花、果上刺吸汁液为害，使果蒂处诱发煤烟病，严重时造成枯枝、落叶、落花、落果。

4. 生活习性　垫囊绿绵蜡蚧常见各虫态并存，群聚固定取食于新梢上，但产卵前仍能移动，遇惊扰及其他影响时，可迁移，开始产卵后，即固定不动，雌虫产卵完毕后，体躯逐渐干缩死亡，呈黄褐色小片，仍然贴附于卵囊前端。卵孵化后，幼虫自卵囊内爬出，白色卵囊依然残留在寄主上。

在云南1年发生3~4代，以若虫和雌成虫在叶背、嫩梢上越冬，翌年2月雌成虫开始形成卵囊，一般将卵产在卵囊内，出孵若虫为害新梢嫩叶、花穗、果实，约在1d内群集固定取食，雌虫开始产卵后即固定不动，产完卵后，虫体渐渐干缩死亡。5~6月为害引起小粒咖啡煤烟病的发生，使其叶片、浆果变黑。

5. 防治方法

（1）**农业防治**　加强咖啡园栽培管理，增施有机肥，提高咖啡树体抵抗力，剪除过密枝梢和带虫枝，集中烧毁，使树冠通风透光，降低湿度，减少虫源，减轻为害。

（2）**化学防治**　参照咖啡绿蚧防治方法。

附图

若虫为害叶片

（六）广白盾蚧

广白盾蚧（*Pseudaulacaspis cockerelli*），属同翅亚目（Homoptera）盾蚧科（Diaspididae）白盾蚧属（*Pseudaulacaspis*）。又名广菲盾蚧、考氏白盾蚧、臀凹盾蚧。

1.分布　该虫在国内分布于云南、四川、海南、浙江、福建、广东、广西、浙江、台湾等省份。世界分布不详。寄主较广，主要包括咖啡、芒果以及茶科等40余科多种植物。

2.形态特征

雌介壳：壳长2～4mm，长梨形或圆梨形，略扁平，前窄后宽，白色，不透明，质地较厚，背面常现不规则的棱线，大小和形状常因寄主及生长环境差异而相差很大；壳点2个，黄褐至橘褐色，位于前端，第一壳点色稍浅。

雌成虫：体长1.1～1.4mm，纺锤形，前胸或中胸常特征性膨大；触角间距很近，前气门腺10～16个，后气门腺无；背腺分布于第二至五腹节，呈亚中、亚缘列；臀叶2对，发达，中叶大，呈Λ形，陷入或半突出臀板，基部轭连，侧叶较小，双分，其外叶更小或退化成小锥形。第三和第四叶不发达，或仅呈硬化齿突；臀背缘腺与背腺相似，或每侧排列自中叶外侧起为1、2、2、1～2、1～2组。第八腹节至后胸或中胸每侧有腺刺；后胸至第三腹节侧缘常突出并具腹腺；肛门稍靠臀板前部，肛前疤显或不显；第一和三腹节常有亚缘背疤；围阴腺5群。

雄介壳：壳长1.2～1.5mm，白色，长形，溶蜡状，两侧近平行，背中有浅中脊1条；壳点1个，淡黄色，突出于前端。

3.为害特点　该蚧若虫和雌成虫固定在咖啡主干、嫩枝、嫩茎、叶柄、叶背和果实上，以刺吸式口器吸食汁液，受害枝条引起植株木栓化与韧皮部导管衰亡，皮层爆裂，树叶脱落，树势衰弱，发芽晚，枝梢干枯，不结果，严重时引起大量落叶，导致煤烟病发生，甚至整株枯死，降低经济价值。

4.生活习性　雄虫多在叶背群集，形成一块白霉状物，若虫分群居型和散居型。群居型多分布于叶背面，几十至百余个群集在一起，发育为雄成虫；而散居型则多分布在叶片中脉、侧脉附近，发育为雌成虫。

该蚧在不同地区发生代数不同，并且生活史极不整齐，世代重叠严重，同时间可见到多种虫态并存。云南1年发生2～3代，以若虫或受精雌成虫在枝叶上越冬，5～7月正是流行季节，而部分在老叶上固定为害的若虫，则随着老叶脱落而死亡。每年5月上中旬为防治第一代若虫适期。该蚧可进行两性和孤雌生殖。栽培过密、株行间通风透光差；上年秋冬温暖、干旱、少雨雪，翌年温暖、高湿、日照不足的气候，易发生该虫害；而干燥、高温不利于该虫害的发生、发展。

5.防治方法

（1）**农业防治**　清除杂草、枯枝、落叶病枝、落果以及修剪的树枝，翻耕树盘，冻死、捡拾其越冬卵及幼虫。合理修剪，提高植株间通风透光度，为介壳虫的繁殖、发育创造不利的生存条件。在虫量少时，可结合修剪，剪除带虫枝条；或用麻布刷、钢丝刷等工具刷去虫体。

（2）**生物防治**　该蚧天敌种类很多，捕食性天敌主要有红点唇瓢虫、黑背唇瓢虫、二双斑唇瓢虫、黑缘红瓢虫、异色瓢虫、七星瓢虫和大草蛉等；寄生性天敌主要有赛黄盾食蚜蝇小蜂、长盾金小蜂、黑盔蚧长盾金小蜂、蜡蚧褐腰啮小蜂、日本食蚜蝇小蜂、长带食蚜蝇小蜂、赖食蚜蝇小蜂、黑色食蚜蝇小蜂、长缘刷盾跳小蜂、刷盾短缘跳小蜂；以及多虫寄生菌等。应注意天敌的保护利用。

（3）化学防治

①各代若虫孵化盛期及越冬若虫出蛰后及时喷施，药剂可选用94%机油乳剂50倍液、40%杀扑磷（速蚧克）乳油1 000倍液、90%敌百虫晶体1 000倍液、40%乐果乳油1 500倍液、10%氯氰菊酯乳油1 500倍液，每隔2周左右喷1次，连续喷2～3次。

②杀灭越冬蚧可在初春树液流动时喷施石硫合剂或94%机油乳剂50倍液，防治效果明显。

附图

为害叶片

二、蚜虫类（橘二叉蚜）

橘二叉蚜（*Toxoptera aurantii*），属同翅亚目（Homoptera）蚜科（Aphididae）。又称茶二叉蚜、可可蚜等。

1.分布　全国各地咖啡产区均有发生。该虫寄主多，包括咖啡、柑橘、芒果、茶叶、可可等。

2.形态特征

卵：长椭圆形，长0.5～0.7mm，宽0.2～0.3mm；初产时浅黄色，后逐渐变为棕色至黑色，有光泽。

若虫：若虫特征与无翅孤雌蚜相似，体小；一龄若蚜体长0.2～0.5mm，淡黄至淡棕色，触角4节；二龄若蚜触角5节；三龄若蚜触角6节。

成虫：无翅孤雌蚜体卵圆形，长2.0mm，宽1.0mm。黑色、黑褐色或红褐色；胸、腹部色稍浅；腹部无斑纹；触角第一、二节及其他节端部黑色，喙端节、足除胫节中部外其余全骨化灰黑色；腹管、尾片、尾板及生殖板黑色。头部有皱褶纹；中额瘤稍隆，额瘤隆起外倾；触角长1.5mm，有瓦纹；喙超过中足基节；胸背有网纹；中胸腹岔短柄。足光滑，腿节有卵圆形腺状体，后足胫节基部有发音短刺一行。腹部背面微显网纹，腹面有明显网纹；气门圆形，骨化灰黑色；缘瘤位于前胸及腹部1节以上，第七节缘瘤最大。腹管长筒形，基部粗大，向端部渐细，有微瓦纹，有缘突和切迹；腹管长0.29mm，为尾片长的1.2倍；尾片粗锥形，中部收缩，端部有小刺突瓦纹，有长毛19～25根；尾板长方块形，有长短毛19～25根；生殖板有14～16根毛。

有翅孤雌蚜体长卵形，长1.8mm，宽0.83mm。黑褐色。触角长1.5mm，第三节在端部2/3处有排成一行的圆形次生感觉圈5～6个。前翅中脉分二岔，后翅正常。其他特征与无

翅孤雌蚜相似。

3. 为害特点　以成蚜、若蚜在咖啡嫩叶后面和嫩梢上刺吸为害，被害叶向反面卷曲或稍纵卷。严重时新梢不能抽出，引起落花。排泄的蜜露引起煤污病的发生，使叶、梢为黑灰色。

4. 生活习性　在云南1年发生20余代，以无翅雌蚜或老若虫越冬。翌年3～4月开始取食新梢和嫩叶，以春末夏初和秋天繁殖多、为害重，其最适宜温度为25℃左右。一般为无翅型，当叶片老化、食料缺乏或虫口密度过大时便产生有翅蚜迁飞他处取食。

5. 防治方法

(1) 农业防治　发生数量多、虫口密度大的咖啡嫩梢，可人工采除，防止该虫蔓延。

(2) 生物防治　要注意保护利用天敌。必要时人工助迁瓢虫，可有效地防治该蚜虫。

(3) 化学防治　喷洒1.8%阿维菌素乳油50～150倍液，气温高时用低浓度，气温低时适当提高浓度。虫口密度大或选用生物防治法。需压低虫口密度时，可喷洒10%吡虫啉可湿性粉剂4 000～6 000倍液或3%啶虫脒乳油2 000～3 000倍液。

附图

若虫及其为害状

若虫为害嫩叶

若虫为害嫩梢

有翅蚜为害叶片

为害嫩梢

为害枝条

三、蜡蝉类

为害咖啡的蜡蝉种类较多，主要有白蛾蜡蝉、八点广翅蜡蝉、可可广翅蜡蝉、伯瑞象蜡蝉等。

（一）白蛾蜡蝉

白蛾蜡蝉（*Lawana imitata*），属同翅亚目（Homoptera）蜡蝉科（Fulgoridae）。又名白鸡、白翅蜡蝉、紫络蛾蜡蝉。主要为害咖啡、茶、油茶、柑橘、梨、桃、李、梅、石榴、无花果、荔枝、龙眼、芒果等。

1.分布　该虫食性广，广泛分布于云南、广东、广西、福建、海南、台湾等省份。

2. 形态特征

卵：长椭圆形，长约1.5mm，淡黄白色，表面有细网纹，产卵成块，每块10～30粒，常互相连接排成一纵行。

若虫：末龄若虫体长7～8mm，稍扁平。胸部宽大，翅芽发达，末端平截。腹部末端呈截断状，有1束长白色蜡质物附着其上。后足发达，善跳。全体白色，被白色蜡粉。

成虫：雌成虫体长19.0～21.3 mm，雄成虫体长16.5～20.1 mm。初羽化时黄白色至绿色，被白色蜡粉。头近圆锥形，颈区具脊，喙短粗。端节淡褐色，伸达中足基节处；复眼圆形，灰褐色，单眼淡红色。触角在复眼下方，基部膨大，其余各节呈刚毛状，端节呈淡绿或褐色，前胸背板较小，宽舌状，前缘中央有一凹刻，近前缘处有一双弧形横刻纹，后缘凹入呈弧状；中胸背板发达，背面上有3条纵隆脊。腹部黄褐色至褐色，侧扁。前翅略呈三角形，有蜡粉，淡绿色，翅面宽广，顶角似直角，臀角向后呈锐角尖出，外缘平直，后缘近基部略弯曲，径脉和臀脉中段黄色，臀脉基部蜡粉较多，集中成小白点。后翅较前翅大，灰白色或碧玉色，半透明，质薄。静止时双翅竖立。足淡黄色，后足发达，善跳。胫节外侧有刺两根。

3. 为害特点　以成虫、若虫群集咖啡枝条、嫩梢、花穗、果柄、果实上吸食汁液，被害处附有白色棉絮状蜡物，使树势衰弱，枝条干枯，落叶、落花、落果等，其排出的蜜露聚集在受害部位可诱发煤烟病。寄主达100多种。

4. 生活习性　在云南、海南1年发生2代，以成虫在茂密的枝叶上越冬。翌年3～4月，成虫开始取食、交尾、产卵。卵集中产在嫩叶或叶柄上，常20～30粒排成长方形条块状。初孵若虫有群集性，全身被有白色蜡粉，受惊即四散跳跃逃逸。第一代卵盛孵期在3月下旬至4月中旬，4～5月为第一代若虫高峰期，成虫盛发于6～7月；第二代卵盛发期在7月中旬至8月中旬，8～9月为第二代若虫高峰期，至11月所有若虫发育为成虫，并以此虫态越冬。然后随着气温下降成虫转移到寄主茂密枝叶间越冬。成虫善跳能飞，但只作短距离飞行。卵产在枝条、叶柄皮层中，卵粒纵列成长条块，每块有卵几十粒至400多粒；产卵处稍微隆起，表面呈枯褐色。若虫有群集性，初孵若虫常群集在附近的叶背和枝条。随着虫龄增大，虫体上的白色蜡絮加厚，且略有三五成群分散活动；若虫善跳，受惊动时便迅速弹跳逃逸。在生长茂密、通风透光差和间种大豆的咖啡园，夏秋雨季多的阴雨期间，白蛾蜡蝉发生较多。在冬季或早春，气温降至3℃以下连续出现数天，越冬成虫大量死亡，虫口密度下降，翌年白蛾蜡蝉第一代发生相对较少。

5. 防治方法

（1）**农业防治**　加强修剪，并把病虫枝集中烧毁。

（2）**化学防治**　在初孵若虫阶段，取食前虫体无蜡粉及分泌物，对药剂较为敏感，此时喷施药剂是防治的最好时机。可用下列药剂：40%乐果乳油1 000倍液、18%杀虫双水剂400倍液、52.25%毒死蜱·氯氰菊酯乳油1 500倍液、25%溴氰菊酯乳油2 500倍液、10%吡虫啉可湿性粉剂2 000倍液、40%高效氯氟氰菊酯乳油1 500倍液、20%氰戊菊酯乳油3 000倍液，再混入0.2%洗衣粉，间隔7d喷1次，共喷洒2次。

附图

若虫布满白色棉絮状蜡质物

若　虫

若虫为害叶片

若虫为害嫩梢

若虫为害果蒂

若虫为害浆果

成虫在枝条上吸食汁液

成虫在嫩梢上吸食汁液

（二）伯瑞象蜡蝉

伯瑞象蜡蝉（*Dictyophara patruelis*），属象蜡蝉科（Dictyophoridae）。又名长吻象蜡蝉、长头蜡蝉、象蜡蝉、苹果象蜡蝉。

1. 分布　该虫分布于云南、四川、海南、台湾、广东等省份。

2. 形态特征

成虫：体长约15mm，翅展约22mm，体黄绿色。头明显向前突出，呈长圆柱形，前端稍狭；顶长约等于头胸长度之和，侧缘全长具脊线，脊线与基部的中脊绿色，中央有两条橙色纵条，到端部消失；复眼淡褐色；单眼黄色，颜狭长，侧缘与中央的脊线绿色，期间有两条橙色的纵条，唇基末端和喙有黑色条纹。腹背淡褐色，腹面黄绿色，翅透明，脉纹淡黄色或浓绿色，前翅端部脉纹与翅痣多为混色，侧面有橙色条纹。

若虫：体淡褐色。腹部末端有束状蜡丝，至终龄若虫羽化之前，蜡丝会消失。

3. 为害特点　以成虫、若虫刺吸为害咖啡嫩叶、嫩枝、叶片和浆果等组织汁液，影响树势。寄主主要有咖啡、芒果、甘蔗、苹果等。

4. 生活习性　1年发生2～3代，以卵越冬。成虫出现在6～9月。

5. 防治方法

（1）化学防治　在若虫孵化盛期，选用24%万灵水溶性液剂3 000倍液、90%敌百虫晶体1 000倍液防治。

（2）生物防治　应保护利用蜘蛛、草蛉等天敌。

附图

成　虫

（三）八点广翅蜡蝉

八点广翅蜡蝉（*Ricania speculum*），属半翅目（Hemiptera）广翅蜡蝉科（Ricaniidae）。别名咖啡黑褐蛾蜡蝉、八点蜡蝉、白雄鸡。

1.**分布**　分布广，云南、福建、台湾、山西、河南、陕西、江苏、浙江、四川、湖北、湖南、广东、广西等地均有分布。寄主多，除咖啡外，还为害茶叶、可可、柑橘等多种果树。

2.**形态特征**

成虫：体长11.5 ~ 13mm，翅展23 ~ 26mm，黑褐色，疏被白蜡粉。触角刚毛状，短小。单眼2个，红色。翅革质，密布纵横脉呈网状，前翅宽大，略呈三角形，翅面被稀薄白色蜡粉，翅上有6 ~ 7个白色透明斑（1个在前缘近端部2/5处，近半圆形；其外下方1个较大，呈不规则形；内下方1个较小，呈长圆形，近前缘顶角处1个很小，狭长；外缘有2个较大，前斑形状不规则，后斑长圆形，有的后斑被一褐斑分为2个）。后翅半透明，翅脉黑色，中室端有一小白透明斑，外缘前半部有1列半圆形小白色透明斑，分布于脉间。腹部和足褐色。

卵：长1.2mm，长卵形，卵顶具一圆形小突起，初产时乳白色，渐变淡黄色。

若虫：若虫体长5 ~ 6mm，宽3 ~ 4mm，体略呈钝菱形。若虫近羽化时背部出现褐色斑纹，老熟若虫腹末有灰白色蜡丝6束，呈放射状散开如屏。

3.**为害特点**　成、若虫喜于咖啡嫩枝和芽、叶上刺吸汁液；产卵于当年生枝条内，影响枝条生长，重者产卵部以上枯死，削弱树势。

4.**生活习性**　在云南，1年发生1代，以卵越冬。卵于5月下旬至6月中旬孵化，若虫群集于嫩枝上吸食汁液，四龄若虫分散为害。7月上旬开始羽化，9月仍可见成虫为害。

5.**防治方法**

（1）**农业防治**　结合管理，特别注意采后修剪，剪除有卵块的枝条集中处理，减少虫源。

（2）**化学防治**　虫量多时，在若虫羽化期的6月中旬至7月中旬，喷雾24%万灵水剂1 000倍液、40%乐果乳油1 500倍液、15%茚虫威乳油2 500倍液、10%联苯菊酯乳油3 000倍液，所用药液中如能混用含油量0.3%的柴油乳剂或黏土柴油乳剂，可显著提高防效。

附图

成　虫

（四）可可广翅蜡蝉

可可广翅蜡蝉（*Ricania cacaonis*），属半翅目（Hemipteragua）蜡蝉总科（Fulgoroidea）广翅蜡蝉科（Ricaniidae）。主要为害茶、可可、柑橘、咖啡、果树等80多种植物。

1.**分布**　主要分布于云南、广东、海南、湖南、江苏等。

2.**形态特征**

若虫：体淡褐色，较狭长，胸背外露，有4条褐色纵纹，腹部被有白蜡，腹末呈羽状平展。

卵：近圆锥形，乳白色。

成虫：头、胸、足黄褐色至褐色，中胸背板色稍深，额黄色，有的个体基部具黑褐色阴影；头顶有5个并排的褐色圆斑，有些个体这些褐斑颜色很浅，颊上围绕着复眼有4个褐色小斑，以触角处的1个为最大；腹部褐色。额具中侧脊，唇基无中脊，两边刻点不明显；中胸背板具纵脊3条，中脊长而直，侧脊从中部分叉，两内叉内斜于端部左右会合，外叉小，基部断开很多。前翅烟褐色，后翅黑褐色，半透明，前缘基半部色稍浅。后足胫外侧具刺2个。

3.**为害特点**　若虫孵化后转移至咖啡植株下部枝条，取食时移至上部嫩梢或下部枝条上。成虫、若虫以刺吸式口器吸食咖啡汁液造成危害；雌成虫产卵时还能破坏咖啡组织，其排泄物还能诱发煤烟病，影响咖啡的正常生长。

4.**生活习性**　1年发生1代或两代，以卵越冬。卵期较长，10个月左右，若虫期1～2个月，成虫期1个月左右。卵多产在寄主的嫩枝、叶脉和叶柄的组织内，表面均匀地覆盖着白色絮状物。初孵若虫善于爬行，群集于叶背及嫩枝上，数小时后，体背被腹部分泌的蜡丝覆盖，并开始跳跃。一至二龄若虫有群聚习性，三龄后则分散爬至上部嫩梢为害。成虫羽化多集中在21∶00至翌日2∶00。成虫善跳跃且飞翔能力强，多在天气晴朗的清晨和傍晚随风移动。

5.**防治方法**

（1）**农业防治**　结合清园，剪除带卵枝条或刮除卵块，集中烧毁，减少越冬虫卵。

（2）**化学防治**　可选用2.5%溴氰菊酯乳油6 000倍液、24%万灵水剂800倍液、90%敌百虫晶体1 000倍液或1.8%阿维菌素乳油1 000倍液进行防治。

（3）**生物防治**　广翅蜡蝉天敌较多，尤其是小蚂蚁、中华草蛉、广腹螳螂、异色瓢虫和蜘蛛等，保护这些天敌，具有一定的自然抑制作用。

附图

为害枝条

成虫群集为害

为害叶片

四、沫蝉类

沫蝉类害虫属同翅亚目（Homoptera）。该类幼虫会分泌白色泡沫裹住身体，直到羽化成虫才离开。体略呈卵形，背面相当隆起，前胸背板大，但不盖住中胸小盾片；前翅革质，常盖住腹部。爪片上2脉纹通常分离；后翅径脉近端部分叉；后足胫节背面有2侧刺，端部有2列端刺；第一、二跗节上也有端刺；幼虫腹部能分泌胶液，形成泡沫，盖住身体保护自己。本科昆虫通称沫蝉，又叫吹沫虫或吹泡虫，为害咖啡的沫蝉类害虫种类较多。主要有尖胸沫蝉科和沫蝉科昆虫。

（一）尖胸沫蝉科

1. 象沫蝉属　象沫蝉属（*Philagra*）是尖胸沫蝉科（Aphrophoridae）中以头冠前伸成头突为共同特征的一个自然类群，迄今共有3个种和亚种的记载。分布于中国、日本、缅甸、印度及澳大利亚。中国是象沫蝉种类最丰富的国家，已有20个种和亚种的记录。

象沫蝉属害虫成虫

2. 其他尖胸沫蝉科害虫

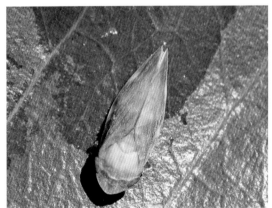

方斑铲头沫蝉成虫　　　　　　　　　刚羽化沫蝉成虫

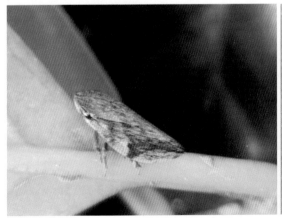

沫蝉成虫

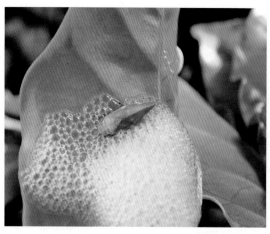

刚羽化尚未离开泡沫的沫蝉成虫

沫蝉若虫在叶片上筑巢

沫蝉若虫

嫩枝上筑巢

嫩枝主干上筑巢

在同一植株上多处筑巢

浆果果蒂处筑巢

（二）沫蝉科

沫蝉科（Cosmoscarta）害虫成虫体长13～16 mm，体色黑色，前胸背板光滑隆突，具刺吸式口器，翅膀的红色斑纹具个体变化。分布于云南、广东、台湾。

沫蝉科害虫成虫

红纹沫蝉成虫刺吸浆果   红纹沫蝉成虫

五、叶蝉类

叶蝉类害虫属同翅亚目（Homoptera）叶蝉科（Cicadellidae）。身体细长、体后逐渐变细，后胫有刺2列，后足基节伸达腹板侧缘，常能跳跃，有横走习性，种类较多，因本科昆虫多为害植物叶片而得名。以成虫、若虫刺吸枝、叶、果的汁液，造成枝叶枯黄。

（一）拟菱纹叶蝉

拟菱纹叶蝉（*Hishimonoides sellatifrons*），属同翅亚目（Homoptera）叶蝉科（Cicadellidae）。

1.分布　国内分布于云南、广东、四川、海南、台湾等省份；国外分布于朝鲜、日本、菲律宾。

2.形态特征

成虫：体长4～5mm，浅黄色，头部暗红色，头部、胸部腹面密生黄褐色斑纹或网状纹。前翅后缘中央各具1块黄褐色三角形斑纹，两翅合拢后呈菱形。

卵：长1.6mm，长椭圆形，深黄白色。

若虫：体长形，背面黄褐色，腹面红色。

3.为害特点　以成、若虫刺吸咖啡叶片、嫩枝及浆果汁液为害。

4.防治方法

（1）农业防治　合理施肥，避免迟施、偏施氮肥，冬季修剪时要重剪。

（2）化学防治　防治成、若虫可喷洒48%乐果乳油1 000倍液，或10%吡虫啉可湿性粉剂2 500倍液，或48%毒死蜱乳油1 300倍液。

附图

成　虫

（二）为害咖啡的其他叶蝉

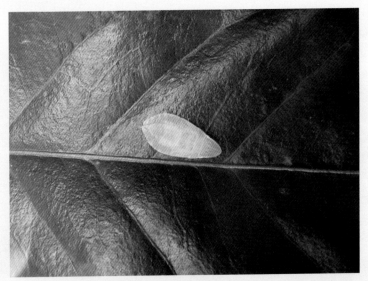

叶蝉若虫

几种叶蝉成虫

六、角蝉类

角蝉类害虫属半翅目（Hemiptera）角蝉科（Membracidae）。角蝉科的昆虫，是世界著名的富于拟态性的昆虫。它们畸形发达的前胸背板给人们以明显的识别特征。这一科不少种类是果树、森林或农业的重要害虫，造成相当严重的为害。截至目前，角蝉科全世界已记载2 500余种，中国已知的有150余种。

1.分布　该虫分布较广，在国内主要分布于云南、广东、广西、贵州、湖南、台湾等省份。

2.形态特征　小型至中型。前胸背板极度发育，有各种畸形和突起，常盖住中胸或腹部。刺吸式口器从头部腹面后方生出，喙1～3节，多为3节。触角短，刚毛状、线状或念珠状。前翅质地均匀，膜质或革质，休息时常呈屋脊状放置，有些蚜虫和雌性介壳虫无翅，雄性介壳虫后翅退化呈平衡棍，雌虫常有发达的产卵器。

3.为害特点　以成虫、若虫群集取食，吸食咖啡汁液的养分。有些虫体还分泌蜜露，常招致蚂蚁伴随。寄主主要有咖啡、芒果等树木及杂草。

4.生活习性　成虫、若虫多栖息在植株的枝杈、叶柄、茎秆等地方群集为害，卵聚产在枝条或茎秆上。

5.防治方法

（1）农业防治　清除园内杂草，切断其转移寄主源；结合修剪，剪出带卵枝条，减少虫源。

（2）化学防治　在该虫盛发期，用90%敌百虫晶体500～800倍液，对成虫、若虫均有很好的防治效果。

（3）生物防治　该虫天敌主要有蜘蛛和螳螂，应给予保护和利用。

附图

成虫在叶柄处取食

成虫在叶片上取食

成虫在茎秆上取食

成虫群集取食

七、粉虱类（柑橘粉虱）

粉虱类属同翅亚目（Homoptera）粉虱科（Aleyrodidae）。体微小，雌雄均有翅，翅短而圆，膜质，翅脉极少，前后翅相似，后翅略小。体翅均有白色蜡粉，故称粉虱。在咖啡上常见的有白粉虱。

柑橘粉虱（*Dialeurodes citri*），是一种世界性害虫。

1. 分布　该虫主要为害柑橘，也能为害咖啡、柿、荔枝等多种林果经济作物。广泛分布于云南、广东、福建、台湾、江苏、浙江、湖南、湖北、四川、江西等省份。国外在美洲、东南亚各国、日本、印度、西班牙等都有分布。

2. 形态特征

卵：长椭圆形，长约0.2mm，初产淡黄色，后变为黑褐色，有卵柄，产于叶背。

幼虫：椭圆形、扁平。淡黄或深绿色，体表有长短不齐的蜡质丝状突起。

蛹：椭圆形，长约0.7mm。中间略隆起，黄褐色，体背有5～8对长短不齐的蜡丝。

成虫：体长约0.9mm，淡黄白色或白色，雌、雄成虫均有翅，全身被有白色蜡粉，雌虫

个体大于雄虫，其产卵器为针状。

3. **为害特点**　柑橘粉虱以若虫群集咖啡叶片，吮吸汁液，被害处形成黄斑，并能分泌蜜露，诱发煤烟病，导致咖啡枝叶发黑，枯死脱落，影响苗木、幼树生长，也影响产量。此外，由于其繁殖力强，繁殖速度快，种群数量庞大，群聚为害较严重。

4. **生活习性**　柑橘粉虱在云南1年发生3～4代，成虫有趋嫩性，在植株顶部嫩叶产卵。卵以卵柄从气孔插入叶片组织中，与寄主植物保持水分平衡，极不易脱落。若虫孵化后3d内在叶背短距离行走，当口器插入叶组织后开始营固着生活，失去了爬行的能力。成虫白天活动，飞行能力较弱，上午气温低，群集在叶背不太活动，中午气温过高活动较少，傍晚气温下降活动最旺盛。

5. **防治方法**　采用综合防治法，化学防治最佳时期为一至二龄幼虫盛发期，药剂选用5%啶虫脒乳油1 000倍液、10%氯氰菊酯乳油1 000倍液、70%吡虫啉可湿性粉剂1 500倍液。

附图

成　虫

成虫吮吸汁液

八、蝽类

蝽类属半翅目（Hemiptera）。体壁坚硬，较扁平，通常为圆形或细长形，体绿色、褐色或具明显警戒色。触角为丝状，3～5节，露出或隐藏在复眼下的沟内，口器为刺吸式，分节的喙由头的腹面前端伸出，弯向下方。前翅为半鞘质，后翅膜质，很多种类具臭腺开口，能分泌臭液。为害咖啡的蝽类昆虫主要有蝽科、缘蝽科、红蝽科、盾蝽科。

（一）荔枝蝽

荔枝蝽（*Tessartoma papillosa*），属半翅目（Hemiptera）蝽科（Pentatomidae）。又名荔枝椿象，俗称石背、臭屁虫。

1.分布 分布于我国云南、福建、台湾、广东、广西、贵州等省份，国外见于南亚、东南亚各国。主要为害荔枝、龙眼。

2.形态特征

卵：近圆球形，径2.5～2.7mm，初产时淡绿色，少数淡黄色，近孵化时紫红色，常14粒相聚成块。

若虫：共5龄，长约5mm，椭圆形；体色红至深蓝色，腹部中央及外缘深蓝色。若虫臭腺开口于腹部背面。二至五龄体呈长方形。第二龄体长约8mm，橙红色；头部、触角及前胸户角、腹部背面外缘为深蓝色，腹部背面有深蓝纹两条，自末节中央分别向外斜向前方。后胸背板外缘伸长达体侧。第三龄体长10～12mm，色泽略同第二龄，后胸外缘为中胸及腹部第一节外缘所包围。第四龄体长14～16mm，色泽同二、三龄，中胸背板两侧翅芽明显，其长度伸达后胸后缘。第五龄体长18～20mm，色泽略浅，中胸背面两侧翅芽伸达第三腹节中间。将羽化时，全体被白色蜡粉。

成虫：体长24～28mm，盾形、黄褐色，胸部的腹面被白色蜡粉。触角4节，黑褐色。前胸向前下方倾斜；臭腺开口于后胸侧板近前方处。腹部背面红色，雌虫腹部第七节腹面中央有一纵缝而分成两片，应用这一特征可以鉴别雌、雄蝽。

3.为害特点 成虫和若虫吸食咖啡、荔枝、龙眼等寄主的嫩芽、嫩梢、花穗和幼果汁液，引致落花、落果，常造成果品减产。

4.生活习性 越冬期成虫有群集性，多在寄主的避风、向阳和较稠密的树冠叶丛中越冬，也有在果园附近房屋的屋顶瓦片内越冬。越冬期间，如有温度回升至15℃以上时仍活动取食；当温度在10℃以下时，多不活动，也不起飞，突然震动树枝，即行坠落，此时为人工捕杀适期。翌年3月上旬气温达16℃左右时，越冬成虫开始活动为害，在咖啡嫩梢或花穗上取食，待性成熟后开始交尾产卵，每次产卵14粒，排列成块。每雌产卵5～10块，最多达17块。卵多产于叶背，还有少数卵产在梢枝、树干以及树体以外的其他场所。多数产卵在树冠的下层，成虫产卵期自3月中旬至10月上旬，以4～5月为产卵盛期。

5.防治方法

(1)农业防治

① 人工捕杀。捕杀越冬成虫。

② 采摘卵块。3～5月荔枝蝽产卵盛期采摘卵块，集中放入简易的寄生蜂保护器中，保护天敌。

③ 扑灭若虫。用竹竿扎草蘸以鲜牛尿、人尿，或捣烂虫体的汁液，或将扎有破布球的竹竿蘸上煤油，熏落若虫，先在树头堆沙或堆细土混草木灰，使坠落的若虫不容易上树，集中捕杀。

(2)化学防治 3月越冬成虫在新梢上活动交尾时喷药1次，至4～5月低龄若虫发生盛期再喷1～2次，喷施20%敌百虫晶体800～1 000倍液效果甚好，或用20%杀灭菊酯乳油2 000～8 000倍液。

(3)生物防治 保护天敌，如平腹小蜂、荔蝽卵跳小蜂，都应加以保护和利用。

附图

卵

初孵幼虫

低龄幼虫

高龄幼虫

成虫

（二）二星蝽

二星蝽（*Eysarcoris guttiger*），属半翅目（Hemiptera）蝽科（Pentatomidae）。

1. 分布　寄主多，分布广，北起黑龙江，南至台湾、海南、广东、广西、云南，东临滨海，西至内蒙古、宁夏、甘肃，折入四川、西藏的广大地区。

2. 形态特征　成虫体长4.5～5.6mm，宽3.3～3.8mm，头部全黑色，少数个体头基部具浅色短纵纹，喙浅黄色，长达后胸端部。触角浅黄褐色，具5节。前胸背板侧角短，背板的胝区黑斑前缘可达前胸背板的前缘，小盾片末端多无明显的锚形浅色斑，在小盾片基角具2个黄白光滑的小圆斑。胸部腹面污白色，密布黑色点刻，腹部腹面黑色，节间明显，气门黑褐色。足淡褐色，密布黑色小点刻。

3. 为害特点　成、若虫吸食咖啡茎秆、叶片汁液，致咖啡植株生长发育受阻。

4. 生活习性　以成虫在杂草丛中、枯枝落叶下越冬，翌年3～4月开始活动为害，卵产于叶背面。8月中旬至9月中旬，成虫爬行在咖啡树上吸取汁液，不爱飞行。

5. 防治方法

（1）农业防治　成虫集中越冬或出蛰后集中为害时，利用成虫的假死性，震动咖啡植株，使虫落地，迅速收集杀死。

（2）化学防治　发生严重的咖啡园喷洒20%灭多威乳油1 500倍液。

附图

成虫吸食汁液

成　虫

（三）稻绿蝽

稻绿蝽（*Nezara viridula*），属半翅目（Hemiptera）蝽科（Pentatomidae）。又名稻青蝽。

1. 分布　该虫分布广泛，遍及全国各地。

2. 形态特征

卵：环状，初产时浅褐黄色。卵顶端有一环白色齿突。

若虫：共5龄，形似成虫，绿色或黄绿色，前胸与翅芽散布黑色斑点，外缘橘红色，腹缘具半圆形红斑或褐斑。足赤褐色，跗节和触角端部黑色。

成虫：有多种变型，各生物型间常彼此交配繁殖，所以在形态上产生多变。黄肩型成虫，体长12.5～15mm，宽6.5～8mm。头及前胸背板前半部为黄色、前胸背板黄色区域有时橙红、橘红或棕红色，后缘波浪形。

3. 为害特点　成虫和若虫吸食汁液，影响咖啡生长发育。

4. 生活习性　稻绿蝽以成虫在各种寄主上或背风荫蔽处越冬。一年发生3～4代。4月上旬始见成虫活动，卵产在叶面，初孵若虫聚集在卵壳周围，二龄后分散取食，经50～65d变为成虫。

5. 防治方法

（1）**农业防治**　冬春期间，结合积肥清除田边附近杂草，减少越冬虫源。利用成虫在早晨和傍晚飞翔活动能力差的特点，进行人工捕杀。

（2）**化学防治**　掌握在若虫盛发高峰期，群集在卵壳附近尚未分散时用药，可选用90%敌百虫晶体700倍液。

附图

成虫

（四）岱蝽

岱蝽（*Dalpada oculata*），属半翅目（Hemiptera）蝽科（Pentatomidae）。

1. 分布　分布于云南、广东、广西、福建等省份，国外分布于越南、马来西亚、印度尼西亚、缅甸、印度等国家。

2. 形态特征　成虫体长14～17mm，宽7～8mm。黄褐色，有由密集的黑刻点组成的不规则黑斑，头侧叶与中叶登场，前胸背板隐约具4～5条粗黑纵带，前侧缘锯齿状，小盾片基角黄斑圆而大，末端黄色，胫节两端黑色，中段黄色。

3. 为害特点　以成虫、若虫为害咖啡叶片、嫩枝等，影响咖啡长势。

4. 生活习性　不详。

5. 防治方法　参照稻绿蝽防治方法。

附图

成　虫

（五）丽盾蝽

丽盾蝽（*Chrysocoris grandis*），属半翅目（Hemiptera）盾蝽科（Scutelleridae）。又名油桐丽盾蝽、大盾椿象、苦楝椿象、黄色长椿象。

1. 分布　分布较广，云南、福建、台湾、广东、海南、广西、贵州、四川等省份有分布。国外日本、越南、印度、不丹、泰国、印度尼西亚等国也有分布。

2. 形态特征　雄成虫体长18～21mm，雌成虫体长20～25mm，体宽8～12mm。体椭圆形，多为淡灰黄色，少数黄色或黄白色，有时有淡紫闪光，密布黑色小刻点。前胸背板前半有1块黑斑，小盾片基缘处黑色，前半中央有1块黑斑，中央两侧各有1个短黑横斑，这3块黑斑排成近品字形，小盾片长大，盖过整个腹部。前翅膜质稍长于腹末。足全黑。卵圆筒形，初为白色，后变为黑褐色。末龄若虫体长12～18mm，椭圆形，金黄色，斑纹金绿色。

3. 为害特点　丽盾蝽以若虫和成虫刺吸咖啡花序、果实、叶片和嫩梢的汁液，造成早期落果、结实率降低，含油量降低，嫩梢死亡。此虫为害柑橘、梨、枇杷、番石榴、板栗、龙眼、油桐、油茶、八角、泡桐、梧桐、樟树、苦楝、乌桕、椿等多种果树和经济林木。

4. 生活习性　丽盾蝽在我国每年发生1代，以成虫在避风向阳的浓密荫蔽的常绿树丛叶背处群集越冬。翌年3～4月外出活动，5月下旬飞到寄主上为害，在云南，4～6月的为害最严重，平时分散为害寄主的花序、嫩梢、幼果等。6月下旬成虫进行交配，交配后11～15d产卵，卵多产在寄主的叶背，每头雌虫一般产卵100粒左右，最多可达170余粒。卵期4～7d。7月下旬到8月上旬，大批若虫先后孵出，初孵若虫群集在叶背，二龄后分散活动和取食。若虫有5龄，若虫期70d以上，10月中旬羽化出成虫。成虫与四至五龄若虫有假死性。越冬前后成虫较为群集一些。

5.防治方法

（1）**人工捕杀**　利用若虫和成虫都有鲜艳的体色，很容易被人发现的特点，加之若虫和越冬前的成虫还有一定的群集性，及时用人工方法进行捕杀，还要按时摘除有虫卵的叶片。

（2）**农业防治**　利用其生物学特性，砍除果园中的杂树，对寄主果树进行合理修剪，清除越冬叶丛，造成不利于害虫发生的环境条件，从而达到杀虫的目的。

（3）**化学防治**　在若虫大发生时，用80%敌百虫晶体500倍液喷洒，可收到较好的防治效果。

附图

卵

刚羽化出的成虫

羽化1h后的成虫

成虫刺吸汁液

（六）异稻缘蝽

异稻缘蝽（*Leptocorisa varicornis*），属半翅目（Hemiptera）缘蝽科（Coreidae）。

1.**分布**　分布在云南、四川、广东、广西、海南、台湾等省份。

2.**形态特征**　成虫体较窄，颜色较深。体长16～19mm，宽2.3～3.2mm，草绿色，触角第一节较长，与第二节长度之比大于3:2，第四节长于头及前胸背板之和；触角第一节末端及外侧黑色，后足胫节最基部及顶端黑色，前胸背板刻点同色。喙第三节长。胸虫抱器基部宽阔，顶端二分叉。头长，侧叶长于中叶，向前直伸。前胸背板长，前端稍向下倾斜，中胸腹板具纵沟，后胸侧板后角尖削。最后3个腹节的背板完全红色或赤色，前翅革质部完全浅色。

3. 为害特点　以成虫、若虫吸食咖啡叶片汁液，形成褐色斑。除为害咖啡外，还为害芒果及禾本科植物。

4. 生活习性　以成虫在田间或地边杂草丛中或灌木丛中越冬。越冬成虫3月中下旬开始出现，4月上中旬产卵。成、若虫喜在白天活动，中午栖息在阴凉处。

5. 防治方法

(1) **农业防治**　结合秋季清洁田园，认真清除田间杂草，集中处理。

(2) **化学防治**　在低龄若虫期喷2.5%功夫乳油2 000～5 000倍液、2.5%溴氰菊酯乳油2 000倍液或10%吡虫啉可湿性粉剂1 500倍液。

附图

成虫刺吸汁液

(七) 稻棘缘蝽

稻棘缘蝽（*Cletus punctiger*），属半翅目（Hemiptera）缘蝽科（Coreidae）。又名稻针缘蝽、黑棘缘蝽。

1. 分布　分布于云南、海南、湖北、广东、贵州、西藏等地。

2. 形态特征

卵：长1.5mm，似杏核，体表面生有细密的六角形网纹，卵底中央具一圆形浅凹。

若虫：共5龄。三龄前长椭圆形，四龄后长梭形，五龄体长8～9.1mm，宽3.1～3.4mm，黄褐色带绿，腹部具红色毛点，前胸背板侧角明显生出，前翅芽伸达第四腹节前缘。

成虫：体长9.5～11mm，宽2.8～3.5mm，体黄褐色，狭长，刻点密布。头顶中央具短纵沟，头顶及前胸背板前缘具黑色小粒点，触角第一节较粗，长于第三节，第四节纺锤形。复眼褐红色，单眼红色。前胸背板多为一色，侧角细长，稍向上翘，末端黑。

3. 为害特点　成虫喜欢聚集在咖啡叶片上吸食汁液，影响树势生长。

4. 生活习性　1年发生3代，无越冬现象。羽化后的成虫1周后交配，交配4～5d后产卵，卵多产在叶面上，也有2～7粒排成纵列。

5. 防治方法

(1) **农业防治**　结合秋季清洁田园，认真清除田间杂草，集中处理。

(2) **化学防治**　在低龄若虫期喷2.5%功夫乳油2 000～5 000倍液、2.5%溴氰菊酯乳油2 000倍液或10%吡虫啉可湿性粉剂1 500倍液。

附图

成虫吸食汁液

成虫交配

（八）点蜂缘蝽

点蜂缘蝽（*Riptortus pedestris*），属半翅目（Hemiptera）缘蝽科（Coreidae）。

1.**分布**　分布范围广泛，国外主要分布于缅甸、印度、斯里兰卡、马来西亚等；国内主要分布云南、江西、四川、台湾等省份。

2.**形态特征**

卵：长约1.3mm，宽约1mm。半卵圆形，附着面弧状，上面平坦，中间有一条不太明显的横形带脊。

若虫：一至四龄体似蚂蚁，腹部膨大，但第一腹节小。五龄狭长。末龄若虫长12～14mm。

成虫：体长15～17mm，宽3.6～4.5mm，狭长，黄褐至黑褐色，被白色细绒毛。头在复眼前部呈三角形，后部细缩如颈。触角第一节长于第二节，第一、二、三节端部稍膨大，基半部色淡，第四节基部距1/4处色淡。喙伸达中足基节间。头、胸部两侧的黄色光滑斑纹成点斑状或消失。前胸背板及胸侧板具许多不规则的黑色颗粒，前胸背板前叶向前倾斜，前缘具领片，后缘有2个弯曲，侧角成刺状。小盾片三角形。前翅膜片淡棕褐色，稍长于腹末。腹部侧接缘稍外露，黄黑相间。足与体同色，胫节中段色淡，后足腿节粗大，有黄斑，腹面具4个较长的刺和几个小齿，基部内侧无突起，后足胫节向背面弯曲。腹下散生许多不规则的小黑点。

3.**为害特点**　以成虫、若虫刺吸咖啡叶片及浆果，影响咖啡生长。

4.**生活习性**　以成虫在枯草丛中、树洞和屋檐下等处越冬。越冬成虫3月下旬开始活动，4月下旬至6月上旬产卵，5月下旬至6月下旬陆续死亡。6月上旬至10月下旬，均可见成虫为害，成虫于10月下旬至11月下旬陆续越冬。成虫和若虫白天极为活泼，早晨和傍晚稍迟钝，阳光强烈时多栖息于寄主叶背。初孵若虫在卵壳上停息半天后，即开始取食。成虫交尾多在上午进行。卵多产于叶柄和叶背，少数产在叶面和嫩茎上，散生，偶聚产成行。一只雌虫每次产卵5～14粒，多为7粒，一生可产卵14～35粒。

5.防治方法

（1）**农业防治**　冬季结合积肥，清除田间枯枝落叶，铲去杂草，及时堆沤或焚烧，可消灭部分越冬成虫。

（2）**化学防治**　在成虫、若虫为害期，可采用2.5%功夫乳油2 000～5 000倍液、2.5%溴氰菊酯乳油2 000倍液喷洒，均有毒杀效果。

附图

| 成　虫 | 成虫刺吸叶片 |

（九）红背安缘蝽

红背安缘蝽（*Anoplocnemis phasiana*），属半翅目（Hemiptera）缘蝽科（Coreidae）。

1.分布　国内主要分布于云南、广东、海南、广西、福建等省份。

2.形态特征

卵：长2.2～2.6mm，略呈腰鼓状，横置，下方平坦。初产时淡褐色，以后变为暗褐色，被白粉。

若虫：共5龄。一龄若虫体长3～4mm，黑色，形似蚂蚁。前、中、后胸背板后缘平直。三龄若虫体长3～9mm，黑或灰褐色。触角第三节基部、第四节基部1/2及末端黄褐色。中、后胸背板侧后缘向后伸展成翅芽。五龄若虫体长15～18mm，灰褐色或黄褐色。触角除第二、三节端部为黑色外，其余为红褐色。翅芽伸达腹部背面第三节后缘或第四节前缘。

成虫：体长22～27mm，宽8～10mm，棕褐色。触角4节，棕褐色。前胸背板中央具1条浅色纵带纹，侧缘直，具细齿，侧角钝圆。后胸臭腺孔和腹部背面橙红色。雄虫腹部第三腹板中部背面橙红色。雄虫腹部第三腹板中部向后扩延达第四腹板后缘，形成瘤突，伸达第四节腹板后缘。雌虫后足腿节稍弯曲，近端处有一个小齿突；雄虫后足腿节强弯曲、粗壮，背缘具一列小齿组成的脊线，腹面基部具一短锥突，近端部扩展成三角形齿。

3. **为害特点** 以成虫、若虫刺吸咖啡嫩梢、嫩茎、嫩叶及幼果汁液，影响树势。

4. **生活习性** 不详。

5. **防治方法**

（1）**农业防治** 清除田间枯枝落叶，可消灭部分虫源。

（2）**化学防治** 在成虫、若虫为害期，可喷洒10%吡虫啉可湿性粉剂1 000 ～ 1 500倍液进行防治。

附图

成　虫

（十）曲胫伴缘蝽

曲胫伴缘蝽（*Mictis tenebrosa*），属半翅目（Hemiptera）蝽科（Pentatomidae）。

1. **分布** 分布在长江以南各地及云南、西藏等省（自治区）。

2. **形态特征**

卵：长2.6 ～ 2.7mm，宽约1.7mm。略呈腰鼓状，横置；黑褐色有光泽；假卵盖位于一端的上方，近圆形。假卵盖上靠近卵中央的一侧，有1条清晰的弧形隆起线。

若虫：共5龄，一、二龄体形近似黑蚂蚁。一至三龄前胫节强烈扩展成叶状，中、后足胫节也稍扩展。各龄腹背第四至五和五至六节中央各具1对臭腺孔。

成虫：体长19 ～ 24mm，宽6.5 ～ 9mm。灰褐色或灰黑褐色。头小，触角同体色。前胸背板缘直，具微齿，侧角钝圆。后胸侧板臭腺孔外侧橙红，近后足基节外侧有1个白绒毛组成的斑点。雄虫后足腿节显著弯曲、粗大，胫节腹面呈三角形突出；腹部第三节可见腹板两侧具短刺状突起；雌虫后足腿节稍粗大，末端腹面有1个三角形短刺。

3. **为害特点** 以成虫、若虫吸食咖啡叶片、嫩梢汁液，影响植株树势。

4. **生活习性** 1年发生2代，以成虫在寄主附近的枯枝落叶下过冬。卵产于小枝或叶背上，初孵若虫静伏于卵壳旁，不久即在卵壳附近群集取食，一受惊动，便竞相逃散。二龄起分开，与成虫同在嫩梢上吸汁。

5. **防治方法** 参照红背安缘蝽防治方法。

附图

成虫刺吸嫩梢汁液

(十一) 瘤缘蝽

瘤缘蝽 (*Acanthocoris seaber*),属半翅目 (Hemiptera) 蝽科 (Pentatomidae)。

1.分布　分布广泛。国内分布于云南、山东、江西、江苏、安徽、湖北、浙江、四川、福建、广西、广东、海南;国外分布于印度、马来西亚等。

2.形态特征

卵:初产时金黄色,后呈红褐色,底部平坦、长椭圆形,背部呈弓形隆起,卵壳表面光亮,细纹极不明显。

若虫:初孵若虫头、胸、足与触角粉红色,后变褐色,腹部青黄色;低龄若虫头、胸、腹及胸足腿节乳白色,复眼红褐色,腹部背面有2个近圆形的褐色斑。高龄若虫与成虫相似,胸腹部背面呈黑褐色,有白色绒毛,翅芽黑褐色,前胸背板及各足腿节有许多刺突,复眼红褐色,触角4节,第三至四腹节间及第四至五腹节间背面各有一近圆形斑。

成虫:长10 ～ 13mm,宽4 ～ 5mm,褐色。触角具粗硬毛。前胸背板具显著的瘤突;侧接缘各节的基部棕黄色,膜片基部黑色,胫节近基端有一浅色环斑;后足股节膨大,内缘具小齿或短刺;喙达中足基节。

3.为害特点　成、若虫常群集于咖啡嫩茎、叶柄、花梗上,整天均可吸食。

4.生活习性　1年发生1 ～ 2代,以成虫在田园周围土缝、砖缝、石块下及枯枝落叶中越冬。越冬成虫于4月上中旬开始活动,全年6 ～ 10月为害最烈。卵多聚集产于寄主作物叶背,少数产于叶面或叶柄上,卵粒成行,稀疏排列,每块4 ～ 50粒,一般15 ～ 30粒。成虫白天活动,晴天中午尤为活跃,夜晚及雨天多栖息于寄主作物叶背或枝条上,受惊后立即坠落,有假死习性。

5.防治方法　参照红背安缘蝽防治方法。

附图

瘤缘蝽

（十二）小斑红蝽

小斑红蝽（*Physopelta cincticollis*），属半翅目（Hemiptera）红蝽科（Pyrrhocoridae）。

1. 分布　分布于云南、广西、广东、台湾等省份。

2. 形态特征　体长11～14mm，宽3～4mm，长椭圆形。棕褐色，被半直立细毛。头顶暗棕色，喙暗棕色，其末端伸达后足基节。触角黑色，第四节基半部浅黄色。前胸背板除前缘和侧缘棕红色外，大部分暗棕色；前胸背板前叶微隆起，后叶具刻点，小盾片暗棕色。前翅革片，顶角黑斑椭圆形，其中央黑斑具明显的刻点。前翅膜片暗棕色。腹部腹面节缝棕黑色。前足股节稍膨大，其腹面近端部有2～3个刺。

3. 为害特点　以成虫、若虫吸食咖啡叶片、嫩梢汁液。

4. 生活习性　成虫具有趋光性，其他习性不详。

5. 防治方法　参照红背安缘蝽防治方法。

成　虫

附图

（十三）茶角盲蝽

茶角盲蝽（*Helopeltis fasciaticollis*），属半翅目（Hemiptera）盲蝽科（Miridae）。是一种食性较杂的害虫。

1. 分布　分布于云南、广西、广东、海南等省份。

2. 形态特征

卵：初产时白色，后渐转为淡黄色，临孵化时呈橘红色。

若虫：初孵若虫橘红色，小盾片无突起，二龄后，随龄期增加，小盾片逐渐突起。形似成虫，但无翅。老熟若虫长4~5mm，足细长善爬行。

成虫：体褐色或黄褐色。雄虫体长4~5mm，雌虫体长5.0~6.0mm。头小，后缘黑褐色，复眼球状向两侧突出，黑褐色。前翅革质，部分透明。触角丝状4节，是虫体长的2倍。喙细长，浅黄色，末端浅灰色，伸至后胸腹板处。中胸褐色，背腹板呈橙黄色，小盾片后缘呈圆形。腹部淡黄至浅绿色。雌虫腹末3节腹面为生殖器，色黑，产卵管倒勾向前陷入腹部；雄虫腹末端橙黄色比末腹节稍大。足细长，黄褐至褐色，其上散生许多黑色小斑点。

3. 为害特点　以成虫和若虫刺吸咖啡嫩叶、嫩枝条、花瓣及幼嫩浆果，取食后的叶片上形成许多褐色斑点，导致叶片干枯，受害后的花瓣枯萎，浆果脱落。

4. 生活习性　成虫多在傍晚和清晨取食，无荫蔽咖啡园整天均能取食，4月中旬至5月上旬为发生高峰期，8~9月也有为害，但为害较轻。

5. 防治方法　在高峰期采用48%乐斯本乳油1 500倍液喷施进行防治。

附图

若虫及其为害状

成 虫

嫩叶受害状

为害新梢枯死

第四节　蜱螨目（咖啡小爪螨）

咖啡小爪螨（*Oligonychus coffeae*），属蜱螨目（Acarina）叶螨总科（Tetranychoidea）叶螨科（Tetranychidae）。又名红蜘蛛。

1.分布　主要分布于云南、福建、贵州、台湾等省份茶园和咖啡园。

2.形态特征

卵：近圆形，红色，有白色短毛1根。

若螨：椭圆形，橙红色，均有足4对。

成螨：体长0.4～0.5mm，卵圆形，暗红色。体背隆起，有4列纵行细毛，每列6～7根。足4对。

3.为害特点　成螨、若螨以口针刺破咖啡叶片、嫩枝的表皮，吸取汁液。为害较轻的时候，能在叶片的表面产生许多灰白色小点，但为害严重时，能使整个叶片失去光泽，叶面有许多白色蜕皮壳，最后叶片硬化、干枯、脱落。

4.生活习性　1年约发生15代，世代重叠，无明显滞育现象。全年以秋后至春前的干

旱季节为害最重，少雨年份更为严重。雌成螨寿命最长，一般10～30d。卵散产于叶面主侧脉附近。雌螨有吐丝结网习性。人、畜携带或苗木运输均能帮助其传播扩散。

5.防治方法

（1）**农业防治**　加强咖啡园水肥管理。冬、春干旱时及时灌水，可促进抽梢，有利于寄生菌、捕食螨的发生和流行，造成对螨不利的生态环境。冬季结合整枝修剪，剪除过密枝条和被害枝条及病虫卷叶和虫瘿，减少越冬螨源，压低发生基数。

（2）**化学防治**　当虫口密度达到100～200虫/叶时，采用药剂防治，推荐药剂为73%克螨特乳油2 000～3 000倍液、40%螨克特乳油2 500倍液、1.8%阿维菌素乳油2 000～3 000倍液、20%双甲脒乳油1 000～1 500倍液，为提高防治效果，可在药液中加入农药增效剂或者洗衣粉。

附图

为害嫩梢

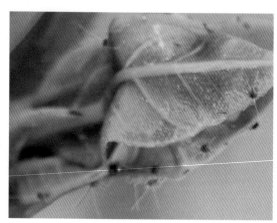

新叶受害状

第五节　蜚　蠊　目

蜚蠊，又名蟑螂，中型昆虫，头小且能活动，口器咀嚼式。触角丝状、多节。翅2对，前翅皮质，后翅膜质，少数无翅。腹部多节有尾须1对。包括蜚蠊和地鳖，俗称蟑螂和土鳖。到目前为止，全世界已知蜚蠊种类4 000余种，中国已知250余种。咖啡上发现3种。

（一）德国蜚蠊

德国蜚蠊（*Blattella germanica*），属蜚蠊目（Blattaria）姬蠊科（Blattellidae）。又名德国小蠊、德国姬蠊。

1.分布　该虫食性杂，分布广。全国各地均有分布。

2.形态特征

卵：小而扁平，暗褐色，内含卵20～40粒。

若虫：在发育中翅芽不反转。雌虫产卵管短小，藏于第七腹片的里面。雄虫外生殖器复杂，常不对称，被生有1对腹刺的第九节所掩盖。尾须多节。无鸣器和听器。若虫经5～7次蜕皮后成为成虫。

成虫：体长11～15mm，体色淡褐；体较扁平，长椭圆形；前胸背板大，盾形，盖住头部。各足相似，基节宽大，跗节由5小节组成。腹部10节，其背面只看到8节或9节，雄虫腹面可看到8节，雌虫6节，有的种类雄虫背面具驱拒腺开口，可分泌臭气。若虫在发育中翅芽不反转。雌虫产卵管短小，藏于第七腹片的里面。雄虫外生殖器复杂，常不对称，被生有1对腹刺的第九节所掩盖。尾须多节。无鸣器和听器。

3.为害特点　以若虫、成虫啃食咖啡花瓣，造成伤口，引发病害，严重时造成落花。

4.生活习性　主要栖息在杂草堆、石块、土缝、树皮裂缝、叶背面、枯枝落叶处等，主要是夜间活动取食，也有部分在清晨或黄昏爬到树上取食叶片或花，通常始见于4月，7～9月达到高峰期，10月以后逐渐减少，当温度低于12℃时，以成虫、若虫或卵在黑暗、无风的荫蔽场所越冬。

5.防治方法　采用综合防治，用诱捕器或诱捕盒诱杀。化学防治采用40%乐果乳油1 000倍液、90%敌百虫晶体800倍液、2.5%溴氰菊酯乳油2 000倍液等进行喷施。

附图

德国蜚蠊

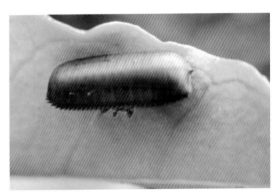
卵鞘

（二）其他蜚蠊

玛蠊

黄缘拟截尾蠊

第六节　缨翅目（蓟马）

为害咖啡的蓟马属缨翅目（Thysanoptera）蓟马科（Thripidae）。

1. **分布**　蓟马种类多，分布广泛。

2. **形态特征**　雌虫体长0.8 ～ 0.9mm，腹部末端锥形，有锯齿状产卵管。雄虫腹部末端圆。前翅翅脉明显。触角8节，第一、二节黄色，第三至八节灰褐色。前胸背板后缘角有鬃毛1条，体橙黄色。头宽约等于其长度的一倍，复眼略突出，暗红色。单眼鲜红色，排列成三角形。腹部背片第二至八节具暗前脊，腹片第四至七节前缘具深色横线。腹部第二至七节背板各有囊形暗褐色斑纹。

3. **为害特点**　该虫以成虫、若虫锉吸为害咖啡嫩叶、嫩梢，致使其弯曲、皱缩，叶片向内纵卷，叶质僵硬变脆，为害后期引起枯萎落叶。咖啡浆果幼果受其为害，轻者引起幼果生长缓慢，果面产生白色疤痕，果面粗糙，严重时影响外观。

4. **生活习性**　在云南一年四季均有发生，每年发生7 ～ 12代，世代重叠明显，没有明显的越冬现象。成虫以晴天中午活动最活跃。成虫产卵于嫩叶、嫩梢和幼果组织中，幼虫喜欢在幼嫩浆果的果蒂周围取食。高温干旱季节，有利于蓟马繁殖。

5. **防治方法**　采用综合防治，可利用色板诱集，此外在抽梢期和幼果期用20%丁硫克百威乳油2 000倍液、70%吡虫啉可湿性粉剂1 500倍液，或者4%阿维·啶虫脒乳油1 000倍液喷雾，能起到很好的防治效果。

附图

为害状

蓟马

为害浆果

第七节　等翅目（黑翅土白蚁）

黑翅土白蚁（*Odontotermes formosanus*），属等翅目（Blattaria）白蚁科（Termitidae）。

1.分布　主要分布在我国黄河、长江以南各省份，可为害咖啡、油茶、泡桐、板栗等林木以及樱花、梅花、桂花、海棠、蔷薇、蜡梅等多种花木。

此虫营土居生活，是一种土栖性害虫。主要以工蚁为害树皮及浅木质层，以及根部。造成被害树干外形成大块蚁路，长势衰退。当侵入木质部后，则树干枯萎；尤其对幼苗，极易造成死亡。采食为害时做泥被和泥线，严重时泥被环绕整个干体周围而形成泥套，其特征很明显。

2.形态特征

幼虫：头壳黄色，上颚紫褐色，胸、腹部及足淡黄色。头壳具分散的长、短刚毛，乳孔每侧毛1根，前胸背板中区具短毛近20根。头壳宽卵形，最宽处近头后段1/3处。乳孔似圆形，侧观，孔口倾斜。触角15 ～ 16节，第二节稍长于第三节或近相等。上唇钝矛状，长稍大于宽，唇端半透明，近平直。上颚军刀状，颚端强弯曲，左上颚基具齿刻。后颏腰区最狭处近后端。前胸背板前后缘中央浅凹，前侧角狭圆，两侧缘直斜向后缘。

工蚁：体长4.10 ～ 5.05mm，头近圆形，淡黄褐色，头宽1.30 ～ 1.75mm，头长0.85 ～ 1.05mm。触角14 ～ 15节。前胸背板宽0.60 ～ 0.85mm，前缘略翘起，中央有缺刻，前胸背板及腹部乳白色，疏生淡黄色短毛，腹部可见黑色肠内物。

有翅成虫：全长（含翅）6 ～ 17mm，翅长13 ～ 14mm，体长（不含翅）7.50mm，头近圆形，深褐色，头长1.15mm，触角及足黄褐色，触角21节，第二、三、四节短于其他节，第三节最短。复眼大，近圆形，单眼卵圆形。触角与复眼的距离小于其与单眼的距离，单眼与复眼的距离小于其本身的宽度。前胸背板前缘向后凹入，与侧缘连成半圆形，后缘中央向前略凹入。前胸背板及腹部褐色，密生黄褐色长毛。翅面密生细短的淡褐色毛。前翅M脉从肩缝处独立伸出，距Cu脉较近于Rs脉，Cu脉有8 ～ 10条分支，个体间翅脉变异较大。

3.为害特点　黑翅土白蚁主要通过修筑泥被，将树干用泥土包裹，然后取食树皮甚至心材，破坏韧皮部，如果造成环蚀，这就相当于树干上的树皮被环剥一圈，树的根系将因得不到有机物的供给而死亡，不久后整株树也将死亡；破坏形成层，影响树干增粗；破坏木质部，阻断水分和无机盐向叶运输，从而使叶的光合作用受到影响，导致植物生长缓慢；破坏木纤维和韧皮纤维，影响树干的强度，在恶劣天气下使树干容易折断。

主要从地下直根分权处侵入，新种的芽接树和实生树在3 ～ 4周内可被其蛀断而死亡。大树受害后，茎秆被蛀空，常被大风折断。一般情况下为害迹象在树干部位出现泥被和泥线，但有时不易发觉。

4.生活习性　每年3月开始出现在巢内，4 ～ 6月在靠近蚁巢地面出现羽化孔，羽化孔突圆锥状，数量很多。在闷热天气或雨前傍晚19：00左右，爬出羽化孔穴，群飞天空，停

下后即脱翅求偶，成对钻入地下建筑新巢，成为新的蚁王、蚁后繁殖后代。在新巢的成长过程中，不断发生结构上和位置上的变化，蚁巢腔室由小到大，由少到多，个体数目达200万以上。

5.防治方法

（1）人工防治　人工挖巢。在挖巢过程中，要掌握挖大不挖小，挖新不挖旧，对黑翅土白蚁追进不追出，追多不追少的原则，一定要挖到主巢，消灭蚁王、蚁后和有翅繁殖蚁。才能达到挖巢的目的。

（2）物理防治　每年4～6月是有翅繁殖蚁的分群期，利用有翅蚁的趋光性，在蚁害发生区域可采用黑光灯诱杀。

（3）化学防治

①压烟灭蚁。将压烟筒的出烟管插入主道，用泥封严道口，再把杀虫烟剂放入筒内点燃，扭紧上盖，烟便自然沿蚁道压入蚁巢，杀虫效果良好。

②喷洒灭蚁灵。准确勘测蚁道、蚁巢，在蚁活动的4～10月，喷施灭蚁灵，每巢用药3～30g，可取得满意效果。

附图

黑翅土白蚁为害状

黑翅土白蚁

第八节 直 翅 目

直翅目昆虫多为植食性，取食植物叶片等，许多种类是农牧业重要害虫。为害咖啡的主要有螽斯、蟋蟀、蝼蛄、蚱蜢等。

一、蝗虫类

蝗虫属直翅目（Orthoptera）蝗总科（Acridoidea）。体小至大型，头部短阔，触角短，不超过体长，口器咀嚼式；前胸背板较发达，覆盖在胸部背面和侧面；前翅狭长，革质较厚，后翅宽大，膜质，静止时隐藏在前翅之下，在少数种类中前后翅退化；后足强大，适宜跳跃；腹部圆柱形；较明显。为害咖啡的蝗虫主要有短额负蝗、红褐斑腿蝗等。

（一）疣蝗

疣蝗（*Trilophidia annulata*），属直翅目（Orthoptera）斑翅蝗科（Oedipodidae）。

1.分布　分布广泛，遍及全国。

2.形态特征　小型蝗虫，体色近土色，具绒毛，后翅淡黄色具黑色边缘。雄成虫体长11.7～16.2mm，雌成虫体长15～26mm，体黄褐色或暗灰色，体上有许多颗粒状突起。2复眼间有一粒状突起。前胸背板上有2个较深的横沟，形成2个齿状突。前翅长，超过后足胫节中部。后足股节粗短，有3个暗色横斑。后足胫节有2个较宽的淡色环纹。

3.为害特点　主要为害咖啡、芒果、水稻、玉米等作物。以成虫、若虫啃食叶片，造成缺刻。

4.生活习性　不详。

5.防治方法

（1）**农业防治**　秋后深翻土地，降低越冬卵的基数。

（2）**化学防治**　虫害发生严重时，应及时喷施农药，可用2.5%溴氰菊酯乳油1 000倍液、20%氰戊菊酯乳油500～800倍液防治。

附图

成　虫

（二）青脊竹蝗

青脊竹蝗（*Ceracris nigricornis*），属直翅目（Orthoptera）蝗科（Acrididae）。又名青脊角蝗。

1.**分布**　分布广泛，主要分布于云南、福建、浙江、广东、广西、湖南、四川等地。

2.**形态特征**

卵：长5～7mm，宽1.2～2mm，淡黄褐色，长椭圆形。卵成块产下，卵块长14～18mm，宽5～7mm，圆筒形，卵粒在卵块中呈斜状排列，卵间有海绵状胶质物黏着。

若虫：又称跳蝻，体长9～31mm，刚孵化时胸腹背面黄白色，没有黑色斑纹，身体黄白与黄褐相间，色泽比较单纯，这是它与黄脊竹蝗跳蝻的最大区别。但头顶尖锐，额顶三角形突出，触角直而向上，在这一点上又与一般竹蝗有明显区别。鞭状触角16～20节，黄褐色，长5～15mm。二龄后的翅芽显而易见。

成虫：翠绿或暗绿色。雌虫体长32～37mm，平均34mm；雄虫体长15～17mm。额顶突出，头部、胸部两侧板和前胸背板均为绿色，自头顶两侧至前胸两侧板，以及延伸至两前翅的前缘中域内外缘边，均为黑褐色。静止时，两侧面似各镶了一个三角形的黑褐色边纹。触角鞭状，共26节。后足胫节黑色，有一褐色斑圈，近腿节处有一淡黄色斑圈。翅长过腹。雌虫翅长23～29mm；雄虫翅长19.5～23mm。腹部背面紫黑色，腹面黄色。

3.**为害特点**　成、若虫食害咖啡叶片，被害叶片成钝齿状缺刻，严重时将叶片吃光。

4.**生活习性**　1年发生1代，以卵越冬，越冬卵于4月下旬开始孵化，5～11月中旬均见该虫活动，12月中旬已很少见到。该虫多栖息于林缘杂草或道路两旁的植物上，比较喜光。

5.**防治方法**

（1）农业防治　结合中耕，深翻挖卵。

（2）化学防治　若虫、成虫盛发期采用5%敌百虫粉剂喷施。

附图

青脊竹蝗

（三）林蝗

林蝗（*Traulia ornate*），属直翅目（Orthoptera）蝗科（Acrididae）。

1. 分布　主要分布于云南、海南等低、中海拔地区。

2. 形态特征　体长25～45mm。体褐色；复眼上方向后具米黄色纵带；前胸具数个明显黑斑；翅短小，腹部明显外露；触角末端白色；后脚腿节具发达黑斑。

3. 为害特点　成虫、若虫取食咖啡叶片，造成叶片缺刻等。

4. 生活习性　成虫几乎全年可见。属森林性种类，林间向阳草丛等是该虫的活动场所。

5. 防治方法　参见青脊竹蝗防治方法。

附图

成　虫

（四）短额负蝗

短额负蝗（*Atractomorpha sinensis*）。属直翅目（Orthoptera）蝗总科（Acridoidea）锥头蝗科（Pyrgomorphidae）。别名中华负蝗、尖头蚱蜢、小尖头蚱蜢。

1. 分布　分布于中国的东北、华北、西北、华中、华南、西南以及台湾等。

2. 形态特征

卵：长2.9～3.8mm，长椭圆形，中间稍凹陷，一端较粗钝，黄褐至深黄色，卵壳表面呈鱼鳞状花纹。卵粒在卵块内倾斜排列成3～5行，并有胶丝裹成卵囊。

若虫：共5龄。一龄若虫体长0.3～0.5cm，草绿色略带黄色，前、中足褐色，有棕色环若干，全身布满颗粒状突起；二龄若虫体色逐渐变绿，前、后翅芽可辨；三龄若虫前胸背板稍凹以至平直，翅芽肉眼可见，前、后翅芽未合拢盖住后胸一半至全部；四龄若虫前胸背板后缘中央稍向后突出，后翅翅芽在外侧盖住前翅芽，开始合拢于背上；五龄若虫前胸背面向后方突出较大，形似成虫，翅芽增大到盖住腹部第三节或稍超过。

成虫：体长20～30mm，头至翅端长30～48mm。绿色或褐色。头尖，绿色型自复眼起向斜下有一条粉红纹，与前、中胸背板两侧下缘的粉红纹衔接。体表有浅黄色瘤状突起；后翅基部红色，端部淡绿色；前翅长度超过后足腿节端部约1/3。

3. 为害特点　以成虫、若虫食叶，影响咖啡植株生长。除为害咖啡外，还为害芒果、甘蔗、豆类等作物。

4. 生活习性　1年发生2代，以卵和成虫越冬。4～8月为成虫活动盛期，干旱年份发生严重，该虫活动范围小，不能远距离飞翔，多善跳跃或近距离迁飞。成虫羽化2～3h进入暴食阶段。

5. 防治方法

（1）农业防治　在短额负蝗发生严重地区，在秋季、春季铲除田埂、地边5cm以上的土块及杂草处，把卵块暴露在地面晒干或冻死，也可重新加厚地埂，增加盖土厚度，使孵化后的蝗虫不能出土。

（2）化学防治　在该虫若虫发生高峰期，选用1.8%阿维菌素乳油2 000倍液、5%氟虫脲悬浮剂1 000倍液喷雾，防治效果显著。

（3）生物防治　蜘蛛是短额负蝗的主要捕食性天敌，应注意保护利用。

附图

成　虫

（五）红褐斑腿蝗

红褐斑腿蝗（*Catantops pinguis*），属直翅目（Orthoptera）斑腿蝗科（Catantopidae）。

1.分布　红褐斑腿蝗食性很杂，除为害咖啡外，还为害芒果及豆科、茄科、菊科、禾本科、旋花科的多种作物，分布较广，遍及全国各地。

2.形态特征

卵：卵囊近长圆形，直或略弯曲，卵室部分较粗，卵囊长28～39mm，宽4～7mm，无卵囊盖，卵室上泡沫状物质较多，形成长泡沫状物质柱。

若虫：共6龄，体色浅绿发白。翅芽随龄期变化，触角节数不断增加，10～24节，体长9～16mm。

成虫：雌虫体长32～34mm，前翅长26～27mm；雄虫体长24～27mm，前翅长19～22mm，红褐色至灰褐色。头短，长约为前胸背板的1/2，头顶短而平，与颜面隆起形成圆角。后头部具不明显中障线，颜面略倾斜，具粗大刻点，中眼以上平，以下凹，颜面侧隆线几乎直，复眼长卵形，触角丝状。前胸背板平，密布小刻点，中隆线明显，无侧隆线，3条横沟都明显切断中隆线，后横沟位于背板中部略前处，前胸背板前缘平直，后缘突出呈圆角形，侧片长略大于高，前胸腹板突圆柱形，顶端圆形，中胸腹板侧叶相互连接。后足股节粗短，上隆线具细齿，长约为宽的3.3倍，后足胫节无外端刺，跗节爪间中垫长，超过爪顶端。前翅狭长，超过后足股节顶端。雄性肛上板长，两侧几乎平行，顶端1/4处急剧尖细，在肛上板基半中央具纵沟。尾须长，超过肛上板顶端，端部略向上向内弯曲，其基部宽，中部细，顶端略扩大。下生殖板锥形，顶端圆。雌性肛上板三角形，中部具横沟，基半中央具纵沟。尾须短锥形，上产卵瓣之上外缘基部具4齿，末端沟状。

3.为害特点　具有一定的群聚为害习性，以成虫和若虫咬食咖啡叶片，使叶片呈缺刻状或仅剩叶脉。

4.生活习性　1年发生1～2代，终年可见，以卵或成虫越冬。卵多产于较潮湿的向阳坡地及田埂上。成、若虫多在秋季发生，将作物叶片食成孔洞或缺口。低龄若虫扩散、迁移能力弱，距离短，高龄若虫扩散、迁移能力强，成虫不作远距离迁飞。

5.防治方法

（1）农业防治　中耕深翻灭卵。

（2）化学防治　可用90%敌百虫晶体700倍液，或80%敌敌畏乳油800倍液，或50%马拉硫磷乳油1 000倍液喷雾防治若虫。

附图

成虫

（六）为害咖啡的其他蝗虫

负　蝗

稻　蝗

斑腿蝗　　　　　　　　　　　　另一种蝗虫

几种蝗虫若虫

二、螽斯类

螽斯类害虫属直翅目（Orthoptera）螽斯总科（Tettigonioidea）。一般小至大型，雄虫前翅具有发音器，可发出不同鸣声。触角细长，丝状，通常超过体长；听器位于前足胫节基部；后翅多稍长于前翅，也有短翅或无翅种类。为害咖啡的螽斯通常有纺织娘、掩耳螽等。世界已知1万多种，中国仅知200多种。

（一）掩耳螽

掩耳螽（*Elimaea* sp.），属露螽斯科（Phaneropteridae）。

1. 分布　已知分布于云南、海南。

2. 形态特征　成虫体绿色，较细长，触角长丝状，基节基部黄绿色，端部及转节红色，其余各节基部暗褐色，端部红褐色。复眼卵圆形突出。前胸背板中隆线、头顶中线及其两侧具红色窄纹。前翅明显短于后翅，末端较尖，其长度明显超过后足股节膝部。前中足浅红色，后足股节绿色，胫节黄绿色。

3. 为害特点　该虫啃食咖啡叶片和花瓣，呈不规则的缺刻，也可为害浆果，一般发生数量少，为害不大。

4.**生活习性** 1年发生1～2代，白天光线充足时较活跃。

5.**防治方法**

（1）**农业防治** 结合咖啡园内管理剪出着卵枝条并集中烧毁。利用若虫群集为害特性进行人工捕杀。

（2）**化学防治** 若虫期是防治的关键时期，可用90%敌百虫晶体800～1 000倍液进行喷雾防治。

附图

掩耳螽成虫

掩耳螽若虫

（二）纺织娘

纺织娘（*Mecopoda elongata*），属纺织娘科（Mecopodidae）。又名络丝娘。

1.**分布** 该虫分布范围广，云南、江西、江苏、山东、福建、广东、广西分布最多。

2.**形态特征** 成虫体型较大，体长50～70mm，体色有绿色和褐色两种，褐色类型体色类似于枯叶。头小，前胸背侧片基部有大黑斑。前翅发达，超过腹部末端，常有纵列黑色圆斑。

3.**为害特点** 以幼虫、成虫取食咖啡叶片，雌虫产卵于咖啡嫩梢上，导致嫩梢枯死。

4.**生活习性** 1年发生1代，以卵越冬。该虫不喜欢强烈的光线，喜欢栖息在凉爽阴暗的环境中。

5.**防治方法** 参照掩耳螽防治方法。

附图

绿色型纺织娘

（三）其他螽斯

褐脉螽斯　　　　　　　　　　　　　　褐背露螽斯

三、蟋蟀类

蟋蟀（*Gryllulus* sp.），属直翅目（Orthoptera）蟋蟀科（Gryllidae）。全世界已知约2 500种，中国已知约150种。

1.**分布**　蟋蟀的分布地域极广，几乎全国各地都有，黄河以南各省份更多。它喜欢栖息在土壤稍为湿润的山坡、田野、乱石堆和草丛之中。

2.**形态特征**　蟋蟀多数中小型，少数大型。黄褐色至黑褐色。头圆，胸宽，触角细长。咀嚼式口器。有的大颚发达，强于咬斗。各足跗节3节，前足和中足相似并同长；后足发达，善跳跃；前足胫节上的听器，外侧大于内侧。

产卵器外露，针状或矛状，由2对管瓣组成。雄、雌腹端均有尾毛1对。雄腹端有短杆状腹刺1对。雌性个体较大，针状或矛状的产卵管裸出，翅小。雄虫前翅上有发音器，由翅脉上的刮片、摩擦脉和发音镜组成。前翅举起，左右摩擦，从而震动发音镜，发出音调。

体色多为黑褐色，体形多成圆桶状，有粗壮的后腿，有比身体还要长的细丝状触角。腹部末端有两根长尾丝，如果是雌虫，还有一根比尾丝还长的产卵管，分辨雌雄还有一招，翅膀有明显凹凸花纹的是雄虫，翅纹平直的是雌虫。最特殊的是，雌虫的听器是在前足胫节上。

3.**为害特点**　成虫和若虫均能为害咖啡的茎、叶、果实和种子，有时也为害咖啡的根部。受害幼苗整株枯死；受害成苗被咬去顶芽，不能正常生长，甚至死亡。食性杂，除为害咖啡外，还为害茶等林木和许多旱地作物幼苗。

4.**生活习性**　蟋蟀穴居，常栖息于地表、砖石下、土穴中、草丛间。夜出活动。食性杂，以各种作物、树苗等为食。蟋蟀的某些行为可由特定的外部刺激所诱发。

5.**防治方法**

（1）**农业防治**　人工捕杀。

（2）**化学防治**　90%敌百虫晶体1 000倍液喷雾。

附图

蟋蟀成虫

第九节　竹节虫目（竹节虫）

竹节虫属竹节虫目（Phasmida），中或大型昆虫，以拟态著名。有的形似竹节或树枝，称竹节虫；有的形似叶片，称叶子虫。因身体修长而得名。体色主要是绿色或褐色，有保护作用。竹节虫植食性，为害植物，多以灌木和乔木叶片为食，给农林业生产带来损失。

1. 分布　分布广泛，全世界有3 000多种，中国已知300余种，分布于热带地区。

2. 形态特征　竹节虫为中型或大型昆虫，体长3 ～ 30cm，最长可达26 ～ 33cm，如巨型竹节虫（*Pharnacia serratipes*）为现生昆虫中体型最长的。多数竹节虫的体色呈深褐色，少数为绿色或暗绿色。头小，口器为咀嚼式，前胸小，中胸和后胸伸长，有翅或无翅，有翅种类翅多为两对，前翅革质，多狭长，横脉众多，脉序成细密的网状，翅平展时颇似干枯叶片。几乎所有的种类均具极佳的拟态，大部分种类身体细长，模拟植物枝条，少数种类身体宽扁，鲜绿色，模拟植物叶片，翅宽扁，脉序排成叶脉状，腹部及胫节、腿节也呈扁平扩张。有的形似竹节，当6足紧靠身体时，更像竹节，故称竹节虫。

3. 为害特点　以成虫、若虫取食咖啡叶片、叶柄，为害严重的将叶片食光，严重影响咖啡树势。

4. 生活习性　由于体色为绿色或黄褐色，该虫静止时栖息在咖啡等植物上，具拟态和保护色，常不易被发现。雄虫较活泼，昼夜活动，一般夜间取食多。若虫、成虫腹端上屈，受惊扰时，常后退再落下，并以前胸背板前角发射臭液。两性生殖，卵散产，附着在树枝上或直接落地产卵，翌春在地表孵化，有的种类能进行孤雌生殖。

5. 防治方法

（1）人工捕杀　利用三至六龄幼虫和成虫假死性的特性，可以人工震落并捕杀，或利用傍晚成虫大量下树时进行捕杀。

（2）化学防治　在5月下旬至7月中旬，用40%乐果乳油1 000 ～ 2 000倍液喷雾防治。

附图

成虫及其为害状

成　虫　　　　　　　　　　　　　为害浆果及果柄

第十节 柄眼目（同型巴蜗牛）

同型巴蜗牛（*Bradybaena similaris*），属柄眼目（Stylommatophora）巴蜗牛科（Bradybaenidae）。

1. 分布　该虫分布较广，生活环境为陆地，常生活于潮湿的灌木丛、草丛中、田埂上、乱石堆中、落叶、树枝、石块下以及农作物根部土块、缝隙中。

2. 形态特征　成虫：雌雄同体，成螺壳扁球形，黄褐色至红褐色，螺壳高约12mm，宽约16mm。螺层5.5～6层，底部螺层较宽大，螺层周缘及缝合线上常有1条褐色带。壳口马蹄形，脐孔圆形。头上具3对触角，上方1对长，眼着生其顶端，下方1对短小。头部前下方着生口器。体色灰白，长约35mm，腹部腹面有扁平的足。卵球形，直径0.8～1.4mm，初产时乳白色，渐变为淡黄色，近孵化时为土黄色，卵壳石灰质。幼螺形态与成螺相似，但体较小。外壳较薄，淡灰色，半透明。内部的螺体乳白色，从壳外隐约可见螺体。

3. 为害特点　成螺和幼螺取食咖啡花、枝叶、果实和树皮。为害叶片时叶片呈现出空洞缺刻；枝条受害，仅剩下木质部；果实受害时，受害严重的咖啡浆果果皮成灰白色或赤褐色疤痕，严重时咬破果皮取食果肉，导致果实留下空洞而脱落，影响咖啡产量和品质。

4. 生活习性　同型巴蜗牛1年发生1代，以成螺在草丛、落叶、树皮下和土石块下越冬。越冬成螺于翌年3月上中旬开始活动，并取食为害，4月间开始交配产卵。一生可多次产卵，每次产卵30～60粒，成堆。卵多产于疏松而又潮湿的土壤里或枯枝落叶下。田间4～10月均可见到卵，但以4～5月和9月卵量最大。卵期14～31d，若土壤干燥，则卵不孵化。如果将卵翻至地面接触空气，则易爆裂。蜗牛喜潮湿，阴雨天昼夜均能活动为害，在干旱条件下，白天潜伏，夜间活动。至盛夏干旱季节或遇严重不良的气候，便隐蔽起来，通常分泌黏液形成蜡状膜将口封住，暂时不吃不动。气候适宜后又恢复活动。主要为害期是5～7月和9～12月。蜗牛行动迟缓，凡爬行过的地方，均可见分泌有黏液的痕迹。其天敌有鸡、鸭、青蛙、蚂蚁等。

5. 防治方法

（1）**农业防治**　清晨或阴雨天人工捕捉，集中杀灭；在树干中部包扎薄膜，阻止蜗牛爬上枝条；剪除贴地面的咖啡枝条，阻断蜗牛爬上枝条的通路；在蜗牛盛发期前用石灰涂干，使其爬行时受阻。

（2）**化学防治**　① 用茶籽饼粉1～1.5kg加水100kg，浸泡24h后，取其滤液喷雾；② 每667m²用8%灭蜗灵颗粒剂1.5～2kg，碾碎后拌细土或饼屑5～7kg，于天气温暖、土表干燥的傍晚撒在受害株附近根部的行间，2～3d后接触药剂的蜗牛分泌大量黏液而死亡，防治适期以蜗牛产卵前为适，田间有小蜗牛时再防1次效果更好；③ 用蜗牛敌配成含有效成分4%左右的豆饼粉或玉米粉毒饵，于傍晚撒于田间垄上诱杀。

附图

为害叶片

为害花芽

为害幼果　　　　　　　　　　　　　　为害干枯枝条

为害成熟浆果

为害嫩枝条　　　　　　　　　　　　成熟浆果受害后期症状

第十一节　双 翅 目

　　双翅目类昆虫只有1对发达的前翅，部分种类是重要的农林业害虫，为害咖啡的主要有大蚊和美洲斑潜蝇。

（一）美洲斑潜蝇

　　美洲斑潜蝇（*Liriomyza sativae*），属双翅目（Diptera）潜蝇科（Agromyzidae）。该虫寄主多，分布广。该虫对咖啡的为害逐年严重。

　　1.分布　原产地南美洲，主要分布在巴西。中国分布现状为除青海、西藏和黑龙江以外均有不同程度的发生，尤其是我国的热带、亚热带和温带地区。

　　2.形态特征

　　卵：米色，半透明。

幼虫：蛆状，初无色，后变为浅橙黄色至橙黄色，长3mm。

蛹：椭圆形，橙黄色，腹面稍扁平，大小（1.7 ~ 2.3）mm×（0.5 ~ 0.75）mm。

成虫：小，体长1.3 ~ 2.3mm，浅灰黑色，胸背板亮黑色，体腹面黄色，雌虫体比雄虫大。

3.为害特点　成虫和幼虫均可为害咖啡。成虫在叶片正面取食和产卵，刺伤叶片细胞，形成针尖大小的近圆形刺伤孔。孔初期呈浅绿色，后变白，肉眼可见；幼虫蛀食叶肉组织，形成带湿黑和干褐区域的蛇形白色斑；成虫产卵取食也造成伤斑。受害重的叶片表面布满白色的蛇形潜道及刻点，严重影响咖啡植株的发育和生长。幼虫和成虫的为害可导致咖啡幼苗全株死亡，造成缺苗断垄；成株受害，可加速叶片脱落，引起果实日灼，造成减产。

4.生活习性　该虫1年可发生10 ~ 12代，具有暴发性。以蛹在寄主植物下部的表土中越冬。一年中有2个高峰，分别为6 ~ 7月和9 ~ 10月。美洲斑潜蝇适应性强，寄主范围广，繁殖能力强，世代短，成虫具有趋光、趋绿、趋黄、趋蜜等特点。成虫以产卵器刺伤叶片，吸食汁液。雌虫将卵产在部分伤孔表皮下，卵经2 ~ 5d孵化，幼虫期4 ~ 7d。末龄幼虫咬破叶表皮在叶外或土表下化蛹，蛹经7 ~ 14d羽化为成虫。该虫以幼虫取食叶片正面叶肉，形成先细后宽的蛇形弯曲或蛇形盘绕虫道，其内有交替排列整齐的黑色虫粪，老虫道后期呈棕色的干斑块区，一般1虫1道，1头老熟幼虫1d可潜食3cm左右。

5.防治方法

（1）农业防治　发现有该虫为害的叶片，立即摘除烧毁。

（2）化学防治　受害叶片上幼虫较多时，掌握在幼虫二龄前(虫道很小时)，于8：00 ~ 11：00露水干后幼虫开始到叶面活动或者熟幼虫多从虫道中钻出时，喷洒25%斑潜净乳油1 500倍液或48%毒死蜱乳油1 500倍液。

附图

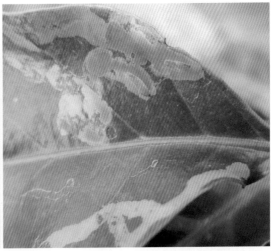

幼　虫

蛹

蛹 前 期   蛹 后 期

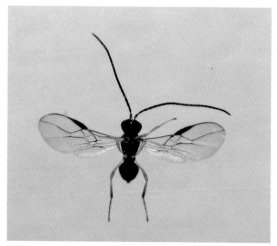

为 害 状   成虫翅展

（二）大蚊

大蚊（*Ctenacroselis* sp.），属双翅目（Diptera）大蚊科（Tipulidae）。

1. 分布　大蚊种类较多，分布于世界各地。

2. 形态特征

幼虫：体细长，呈蠕虫状，头部大部骨化。

成虫：小至大型，体长29～36mm，体色黑褐色，头大，无单眼，雌虫触角丝状，雄虫触角栉齿状或锯齿状。中胸背板有一V形沟；翅狭长，Sc近端部弯曲，连接于R_1，Rs分3支，A脉两条。平衡棒细长。足细长，转节与腿节处常易折断。

3. 为害特点　主要以幼虫嚼食咖啡嫩叶。

4. 生活习性　成虫主要在春夏季节出现。飞行速度不快，常停在树枝或叶片上休息。

5. 防治方法　不详。

附图

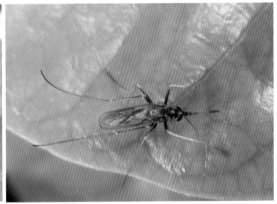

大　蚊

第十二节　国外威胁性及危险性虫害识别

一、咖啡黑（枝）小蠹

咖啡黑（枝）小蠹（*Xylosandrus compactus*），在国内仅见海南报道为害中粒咖啡，云南未见其为害。该虫以雌成虫钻蛀咖啡枝条及嫩干，导致后期枝条枯死、折断或植株早衰。咖啡枝条被咖啡黑（枝）小蠹钻蛀后，首先在侵入孔周围出现黑斑；而被蛀枝条是否枯死视其枝条大小及其所蛀坑道长度而定。长度超过3 cm时，约15 d后叶片干枯，导致整枝枯死；直径较大的枝条，所蛀坑道长度不超过3 cm时，在侵入孔周围长出大量分生组织形成

瘤状突起，而使枝条不致枯死，但多数也因后期果实的重量而压折，严重影响咖啡的产量。嫩干被咖啡黑（枝）小蠹钻蛀后，一般不会导致嫩干枯死，但会影响树干水分及养分运输，导致后期植株早衰。

为害枝条

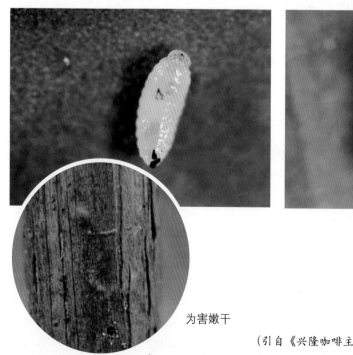

蛹

为害嫩干

（引自《兴隆咖啡主要病虫害防治技术规范》）

二、咖啡果小蠹

咖啡果小蠹 (*Hypothenemus hampei*), 原产非洲, 是一种蛀食性害虫, 是咖啡种植区严重为害咖啡生产的害虫。主要分布于非洲和亚洲的越南、缅甸、泰国等。国内咖啡产区尚未发现该虫为害。幼果被蛀食后引起真菌寄生, 造成腐烂、青果变黑、果实脱落, 严重影响产量和品质。为害成熟的果实和种子, 直接造成咖啡果的损失。据报道, 此虫巴西、马来西亚、科特迪瓦、刚果(金)、乌干达等地为害相当严重, 部分地区咖啡果受害率曾高达90%, 给一些咖啡生产国造成了很大的损失。

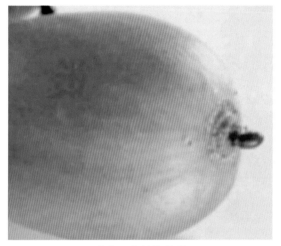

成虫正在钻蛀浆果
(引自 Fernando E. Vega)

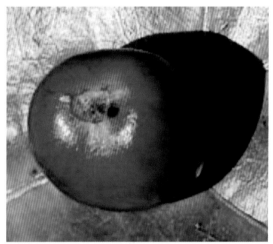

成熟浆果为害孔

幼　虫

浆果受害状

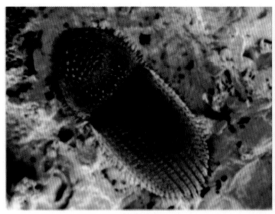
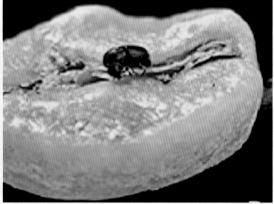

成　虫

（引自 Fernando E．Vega）

成虫及其为害状　　　　　　　　　　　咖啡豆受害状

主要参考文献

陈国庆，许渭根，童英富．2006.柑橘病虫害原色图谱[M].杭州：浙江科学出版社．

陈一心．1990.中国动物志·昆虫纲·第十六卷·鳞翅目夜蛾科[M].北京：科学出版社．

丁丽芬，熊杨苏，姚美芹，等．2012.普洱市小粒咖啡病虫害种类调查分析[J].热带农业科学，32(10)：60-62．

丁晓东．2007.红褐斑腿蝗的生物学特性及发生规律[J].河北农业科学，11(2)：44-46．

韩凤英，阎海芳．2002.短额负蝗的营养成分与利用评价[J].昆虫知识，39(1)：57-59．

黄雅志，裴汝康，刘昌芬．1983.咖啡旋皮天牛的发生情况和防治措施[J].热带农业科技(2)．

邝炳乾．1997.广西咖啡树两种虎天牛的研究[J].昆虫学报，20(1)：49-56．

邝炳乾．1959.咖啡灭字虎天牛的初步研究[J].昆虫知识(9)：281-284．

况荣平，于新文，钟宁．1997.思茅咖啡天牛种群构成与危害的时空特性研究[J].动物学研究，18(1)：33-38．

李文伟，张洪波．2004.云南省小粒种咖啡根、茎、叶害虫[J].广西热带农业，95(6)：35-37．

林延谋，符悦冠，刘凤花，等．1994.咖啡黑小蠹的发生规律及药剂防治研究[J].热带作物学报，15(2)：79-86．

刘爱勤. 2013. 热带香辛饮料作物主要病虫害防治图谱[J]. 北京: 中国农业出版社.

刘春华, 李春丽, 徐志. 2010. 咖啡种类及其病虫害研究[J]. 中国热带农业(5): 58-61.

刘树芳, 金桂梅, 杨艳鲜, 等. 2014. 云南咖啡主要病虫害及防治调查研究[J]. 热带农业科学, 34(5): 69-71.

龙乙明, 张智英, 宋丽萍. 1994. 滇南地区咖啡主要害虫及其防治措施的研究[J]. 热带植物研究(34): 15-20.

马万炎, 邓大清, 侯伯鑫, 等. 1993. 咖啡透翅天蛾生物学特性观察[J]. 森林病虫通讯(3): 19-21.

莫丽珍, 王宁. 2002. 防治咖啡根粉蚧农药筛选试验[J]. 云南热作科技, 25(2): 17-19.

庞雄飞, 毛金龙. 1979. 中国经济昆虫·第十四册[M]. 北京: 科学出版社.

裴汝康, 李发昌. 1994. 云南咖啡天牛害虫优势种群发生规律和综合治理的研究[J]. 云南热作科技, 17(2): 23-26.

裴汝康, 李发昌, 刘素清. 1992. 云南咖啡钻蛀性害虫种群发生动态[J]. 云南热作科技, 15(1): 18-20.

裴汝康, 李发昌. 1994. 云南咖啡天牛类害虫优势种群发生规律和综合防治的研究[J]. 云南热作科技, 17(2): 23-26.

彭涛, 钟宁. 1997. 咖啡灭字脊虎天牛和咖啡脊虎天牛的研究概述[J]. 云南热作科技(2): 35-36.

王万东, 龙亚芹, 李荣福, 等. 2012. 云南小粒咖啡病虫害调查研究[J]. 热带农业科学, 32(10): 55-59.

魏佳宁, 于新文. 1998. 思茅地区咖啡天牛天敌的多样性调查和控制评价[J]. 生物多样性, 6(4): 248-252.

吴坚, 王常禄. 1995. 中国蚂蚁[M]. 北京: 中国林业出版社.

于新文, 况荣平. 1997. 咖啡天牛幼虫种群的空间分布型及应用[J]. 动物学研究, 18(1): 39-44.

袁锋, 周尧. 2002. 中国动物志·昆虫纲: 第二十八卷[M]. 北京: 科学出版社.

张巍巍, 李元胜. 2011. 中国昆虫生态大图鉴[M]. 重庆: 重庆大学出版社.

张巍巍. 2007. 常见昆虫野外识别手册[M]. 重庆: 重庆大学出版社.

赵仲苓. 2003. 中国动物志·昆虫纲: 第十三卷[J]. 北京: 科学出版社.

周成任, 李继勇, 林明光, 等. 1992. 海南岛咖啡病虫害的调查报告[J]. 热带作物学报, 13(2): 75-80.

周尧, 路进生, 黄桔, 等. 1985. 中国经济昆虫志·第三十六册[M]. 北京: 科学出版社.

周又生, 王华, 周庆辉, 等. 2003. 咖啡旋皮天牛与咖啡灭字虎天牛发生危害比较研究[J]. 西南农业学报, 25(1): 24-27.

祝长清, 朱东明, 尹新明. 1999. 河南昆虫志·鞘翅目(一)[M]. 郑州: 河南科学技术出版社.

邹继勇, 李晓花, 谢淑芳, 等. 2014. 普洱市咖啡主要病虫害的症状识别与防治措施[J]. 耕作与栽培(1): 40-43.

Elsie B, Mark W, Donald E B. 2011. New record for the coffee berry borer, *Hypothenemus hampei*, in Hawaii [J]. Journal of Insect Science, 11: 1-3.

Hawaii Department of Agriculture. 2010. Coffee berry borer, *Hypothenemus hampei* Ferrari (Coleoptera: Curculionidae: Scolytinae)[J]. New pest advisory, 10-01, Available online.

第四章

小粒咖啡害虫天敌及其保护利用

一直以来，小粒咖啡害虫防治主要还是依赖化学防治，由于长期使用化学农药，杀死害虫的同时，也杀灭了一些对农作物有益的昆虫，或者农药残留毒素在天敌体内，使其繁殖能力丧失。害虫与其天敌在长期的进化过程中逐步形成了相互依存、相互制约的生态平衡关系。当前，生产中对害虫仍以化学防治为主要手段，从而导致害虫和天敌之间的动态关系发生变化，害虫产生抗药性、天敌种群不断减少，使得害虫防治工作困难。近年来，利用天敌防治农业害虫是生物防治的重要措施，从生态、环保、效益等角度出发，充分发挥害虫自然天敌优势，利用天敌防治害虫，从而可收到减少环境污染、维护生态平衡、降低成本等效果。

由于咖啡种植在热带地区，得天独厚的自然条件，使得咖啡害虫种类不断滋生，同时，天敌资源也非常丰富，广泛分布于咖啡园生态系统中，形成对害虫的巨大综合控制潜力，明显控制着害虫的发生。咖啡园内害虫天敌可分为捕食性和寄生性两大类，捕食性天敌主要有捕食性瓢虫、草蛉、食蚜蝇、蜘蛛等；寄生性天敌包括各种寄生蜂、寄生蝇、寄生菌等，利用天敌能够有效防治蚜虫、介壳虫、天牛等。这两类天敌是咖啡园常见主要害虫天敌类群，具有保护利用价值和研究意义。在使用农药防治咖啡害虫时，应充分保护和利用好天敌，因此，在用药防治害虫过程中，必须做到防治害虫与保护利用天敌同时兼顾，维持好生态平衡，以达到事半功倍的效果。

第一节　螳　螂　类

螳螂目，俗称螳螂，分布广泛，尤以热带地区种类最为丰富。目前，世界已知 2 000 多种，中国已知约 150 种。该目若虫、成虫均为捕食性，捕食各类昆虫和小动物，在田间能消灭不少害虫，是重要的天敌昆虫，如薄翅螳螂、枯叶刀螳等是中国农、林、果树和观赏植物害虫的重要天敌。在昆虫界享有"温柔杀手"的美誉；若虫和成虫均具有自残行为，尤其在交配过程中有"妻食夫"的现象。卵鞘可入中药，是药用昆虫。螳螂具有保护色，有的并有拟态，与其相处环境相似，借以捕食多种害虫，性格残暴好斗，缺食时常有大吞小和雌吃雄的现象。螳螂通常捕食叶蝉、蚜虫、蝶类、蛾类幼虫。

螳螂卵囊

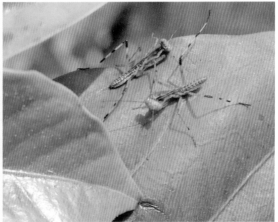

螳螂初孵若虫

中华螳螂 　　　　　　　　　　　　　小螳螂

台湾花螳螂

台湾姬螳螂

宽腹螳螂

广腹螳螂

第二节　螽　斯　类

捕食性种类的螽斯是重要的天敌和生物防治的潜在资源，成虫、若虫均能捕食小型昆虫。

3种螽斯若虫

素色拟螽斯成虫

第三节 瓢 虫 类

　　瓢虫类昆虫大多数是捕食性种类，主要捕食蚜虫、介壳虫、粉虱、绿蚧、叶螨等害虫，大多瓢虫呈半球形，色斑鲜艳，而异色瓢虫、龟纹瓢虫体色多变。部分瓢虫种类对控制害虫有显著作用，如大突肩瓢虫幼虫和成虫均喜欢捕食蚜虫，捕食量极大，应该加以保护利用。

双带盘瓢虫

双带盘瓢虫捕食蚜虫

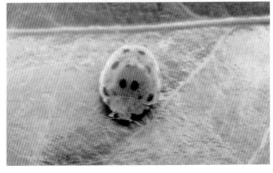

大突肩瓢虫

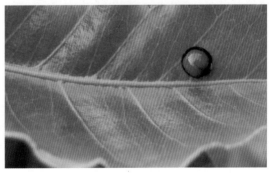

小红瓢虫

龟纹瓢虫

六斑月瓢虫

异色瓢虫

一种异色瓢虫

两种瓢虫若虫

第四节　寄蝇与捕食蝇

　　寄蝇是寄蝇科、头蝇科等的总称，主要寄生于刺蛾、灯蛾、尺蠖、毒蛾的幼虫。寄蝇外形像家蝇，身体多毛，体色较灰暗。成虫将卵或胎生幼虫产于寄主体外、体表或体内，以幼虫营寄生性生活，成虫自由活动，常在白天活动，主要吸食植物的汁液和花蜜，少数取食腐烂的有机物或排泄物。

捕食蝇主要有食蚜蝇科和斑腹蝇科，具黄、橙、灰白等鲜艳色彩的斑纹，有些有蓝、绿、铜等金属色，外形似蜂。捕食蝇成虫将卵产于寄主体内，幼虫就近搜索取食，有些种类成虫期也能捕食，有些可捕食多种害虫。

茸毒蛾寄蝇

三带蜂蚜蝇

鹿　蝇

甲　蝇

食蚜蝇

第五节 寄 生 蜂

　　咖啡园寄生蜂种类较多，是许多害虫的寄生性天敌，常见的有姬蜂科、茧蜂科、蚜茧蜂科等。寄生蜂将卵产于寄主昆虫的体内或体外，进行内寄生或外寄生，吸食、消耗寄主养分，完成自身发育，造成寄主死亡。不同寄生蜂寄生昆虫的卵、幼虫和蛹等阶段，外寄生种类以幼虫附着于寄主体表面取食并完成生命周期，内寄生种类有的在寄主体内化蛹，羽化时咬破寄主体壁爬出体外，有的在幼虫成熟时钻出寄主体外结茧化蛹。有的种类可进行多卵寄生或多胚生殖，在单个寄主上产生多个后代个体。黑足举腹姬蜂寄生咖啡灭字虎天牛幼虫导致幼虫死亡，寄生率较低，这对咖啡灭字虎天牛的防治有一定的控制作用。

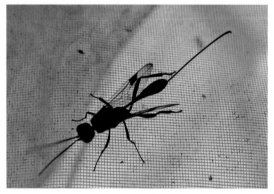

黑足举腹姬蜂

黑巴达姬蜂

刺蛾绒茧蜂咬破体壁

螟蛉悬茧姬蜂茧

刺蛾茸茧蜂

第六节　蜘　蛛　类

　　蜘蛛多以昆虫、多足类为食，部分蜘蛛也会以小型动物为食。以丝结成的网具有高度的黏性，是蜘蛛的主要捕食手段。不结网的蜘蛛，如狼蛛、跳蛛、蟹蛛，是游猎捕食；结网的蜘蛛，如园蛛科蜘蛛，蛛丝有黏性，当昆虫黏在网上挣扎时，园蛛科蜘蛛就立刻从隐蔽处爬到蛛网上，用螯肢刺破昆虫的身体，将毒液注入昆虫体内，使它麻痹，然后再分泌消化液，将昆虫体内的组织溶解，成为蜘蛛能够吸食的液体食物。

　　因此，保护和利用蜘蛛具有重要的意义。特别是保护蜘蛛有三大好处：一是有效地稳定了生物种群的平衡；二是减少了咖啡化学农药残毒，保障人畜安全；三是降低了生产成本。

一、园蛛科

　　园蛛科蜘蛛为肉食性动物，结圆网捕食昆虫，网大型，结构较规整，近圆车轮形。园蛛科蜘蛛的纺绩器上有许多纺绩管，丝腺分泌的透明液体即从纺绩管上的小孔流出，遇空气凝结成蛛丝，用它来结网。先用无弹性的蛛丝织成网架，再用有弹性的蛛丝织成同心的螺旋网。网的中心无空洞。园蛛通常傍晚在檐前、树枝间、墙角等处张网；有时居于网的中心，有时隐藏暗处等待昆虫触网后捕食。白天在网旁的缝隙或树叶丛中隐蔽。园蛛视力弱，依靠网上丝的震动和张力确定食物在网上的位置。先以毒腺分泌的毒液将昆虫麻醉杀死，再分泌消化酶，先行体外消化，然后吸食。除用螯牙在猎物上咬孔和注入毒液外，还能用第四足拉丝缠绕，使之不能动弹。然后把猎物固定在网上，或带到网中央或隐蔽处取食。不能摄取的外壳则扔到网外。

　　园蛛科许多种在秋季产卵袋，卵袋产于墙或树皮裂缝等处，内含卵数百个。产卵后雌蛛死亡。有的种类卵产出后立即孵化，有的到第二年春天孵化。园蛛科蜘蛛通常捕食蚜虫、蓟马等害虫。

黑斑园蛛

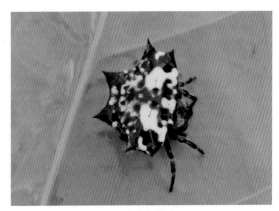

棘腹蛛

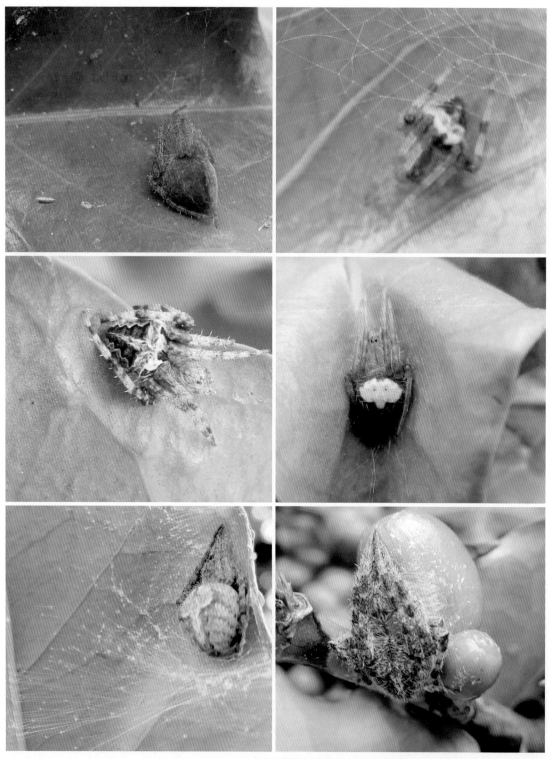

几种园蛛

梭德氏棘蛛

库氏棘腹蛛

3种金蛛

中形金蛛

中形金蛛背面　　　　　　　　　　　鸟 粪 蛛

三角鬼蛛

二、跳蛛科

跳蛛科（Salticidae）蜘蛛常在树皮下、落叶丛或墙缝等处结两端开口的薄囊状巢，在其中产卵，守候卵的孵化，并在巢内越冬或隐蔽。通常捕食蚜虫、叶蝉、实蝇、叶甲。

红突爪蛛

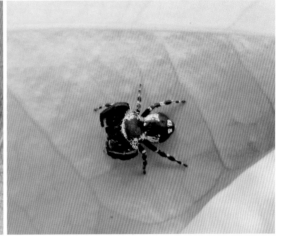

缅 蛛

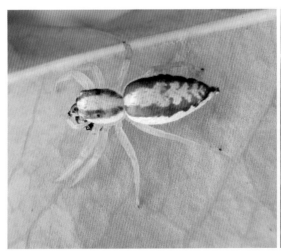

锯 艳 蛛

艳　蛛

从旋皮天牛为害咖啡树干中发现的蜘蛛及卵

3种跳蛛

跃　蛛

纽 蛛

蚁 蛛

三、肖蛸科

肖蛸科（Tetragnathidae）蜘蛛多在各种生境中结圆网，捕食双翅目、半翅目、膜翅目、鳞翅目和直翅目等昆虫。

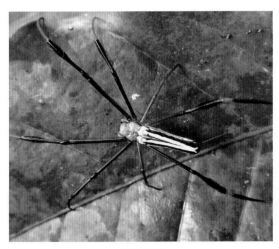

蟏蛸正面

蟏蛸背面

几种蟏蛸

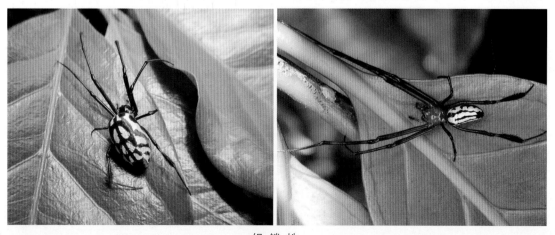

银 鳞 蛛

四、盗蛛科

盗蛛科蜘蛛生活在山林或农田中，是林业，农田害虫的重要天敌。咖啡园常见的有豹纹猫蛛、细纹猫蛛、斜纹猫蛛、线纹猫蛛等，常常活动于咖啡枝叶间捕食介壳虫、叶蝉等。

豹纹猫蛛

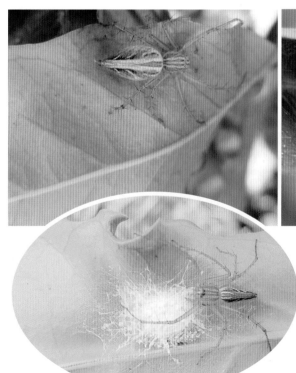

细纹猫蛛

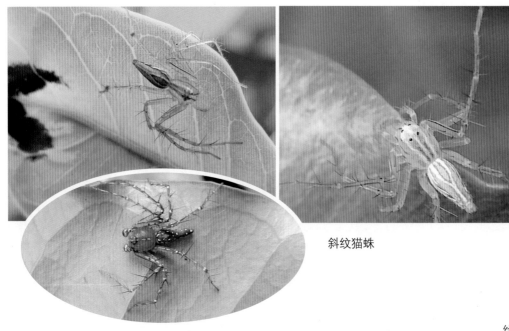

斜纹猫蛛

线纹猫蛛

第七节　蚂　蚁　类

　　捕食性蚂蚁是以害虫为食料的捕食性昆虫，其体色多种多样，有赤褐色、棕红色和黑色等不同颜色。种类很多，目前我国有120余种，最常见的有黑山蚁、红蚂蚁、小黑蚁、黄蚁等。

　　利用黄　蚁防治柑橘大缘椿象的成虫和若虫、绿象甲、铜绿金龟子和潜叶蛾等都具有明显的效果。利用红蚂蚁防治甘蔗螟、甘薯茎螟、甘薯麦螟等，都有良好的效果。蚂蚁还捕食椿象、鳞翅目幼虫、叶蜂幼虫等。

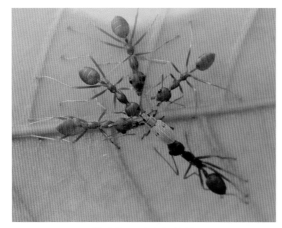

黄猄蚁围攻小绿象甲

黄猄蚁与绿蚧共生存

蚂蚁取食介壳虫

蚂蚁在灭字虎天牛为害的树干中取食

小黑蚁与蚜虫共生

黑足举腹蚁与蚜虫共生

第八节 蜻蜓类

蜻蜓成虫和稚虫均为捕食性，除捕食蚊、蝇、蝶、蛾外，还可以捕食蝶、蛾等的幼虫。

善变蜻蜓

小黄赤蜻蜓 薄翅蜻蜓

两种蜻蜓

第九节　草　蛉　类

草蛉属脉翅目草蛉科，是咖啡园常见的捕食性天敌，能大量捕食蚜虫、叶螨、介壳虫、叶蝉、蓟马以及蛾、蝶类小幼虫和昆虫的卵。卵多产在植物的叶片、枝梢、树皮上，散产或聚集成束，基部有一丝质的长卵柄。

草　蛉

第十节　树　　蛙

树蛙，以昆虫为食，是一种非常有益的动物，属于夜行性动物，所以它们在白天的时候，多半是把身体平贴着叶片或地面，闭着眼睛，躲得好好地睡觉。由于它们的眼睛只对会动的东西有反应，因此凡是飞过或爬过它们的甲虫、毛毛虫等都是捕食对象。

跳 树 蛙

第十一节 白僵菌

　　白僵菌是咖啡园虫生真菌之一，可寄生卷叶蛾、象甲成虫、叶蝉、螨类、尺蠖类等，荫蔽度大、湿度较大的咖啡园常有白僵菌发生。温湿度适宜时，繁殖体分生孢子在土中可存活3个月，在虫体上可存活半年，借风、气流传播，适宜的温湿度下即可以发芽直接侵入昆虫体内大量增殖侵害虫体，被侵害的虫僵死，以后菌丝穿出体表，产生白粉状分生孢子，成为白僵虫。

白僵菌寄生鳞翅目幼虫

咖啡枝条上的白僵菌

主要参考文献

陈世煌. 2009. 台湾常见蜘蛛图鉴[M]. 台北: 台湾行政主管部门产业委员会.

冯仲琪. 1990. 中国蜘蛛原色图鉴[M]. 长沙: 湖南科学出版社.

蒲蛰龙. 1984. 害虫生物防治的原理和方法[M]. 北京: 科学出版社.

第五章

小粒咖啡园主要杂草及防除

在咖啡生长过程中，咖啡产量受诸多因素的影响，其中杂草是重要因素之一，杂草不仅与咖啡争夺水分、养分，还促进病原微生物和害虫的滋生，降低咖啡园产量和品质。因此，在雨季控制住杂草生长，就可提高咖啡产量和品质。

目前咖啡生产中主要采用除草剂、人工及机械防治杂草。由于频繁使用除草剂，以及用量和方法不当等，导致田间生态系统失去平衡，田间恶性杂草种类和数量的不断增多，同时也有利于一些外来杂草的入侵和蔓延。

杂草是咖啡生产种植中的大敌，从不同的方面侵害咖啡，主要与咖啡争水、肥、光等；一些杂草侵占地上和地下部分空间，影响光合作用，干扰咖啡生长；影响园内农事操作，增加管理用工和生产成本；有些还是传播病虫害的媒介，因此，在咖啡生产中，如何安全有效地消灭杂草，是一个十分迫切的问题。

由于咖啡园杂草繁多，有易防除的一年生禾本科杂草和阔叶杂草，也有难防除的具有地下匍匐茎和根状茎的多年生禾本科杂草。

第一节　咖啡园杂草

一、杂草定义

杂草指的是生长在人们不需要它的地方的植物，或者说能够长期自生自长在人为环境中的任何非有目的栽培的草本植物。即在农业生产中，除了所栽培的作物外，其余影响作物生长的植物都属于杂草。在咖啡园中除咖啡外的植物包括前作的玉米、豆类和绿肥作物等均属杂草。

二、杂草的分类

1. 按照杂草生活年限分类　按生活年限可将杂草分成一年生杂草、二年生杂草、多年

生杂草三类。

（1）**一年生杂草**　生活年限不超过一年，从发芽出苗到开花结果直至死亡，一年内完成。按出苗时期，一年生杂草又可分为早春性、晚春性和越冬性杂草三类。

①早春性杂草。发芽温度5～10℃，早春出苗，如灰菜、蓼等。

②晚春性杂草。发芽温度10℃以上，晚春出苗，如稗草、马唐、狗尾草、苋菜等。

③越冬性杂草。秋天出苗，越冬后翌年春天开花结果，如荠菜、附地菜、看麦娘等。

（2）**二年生杂草**　生活年限一年以上但不超过二年，从出苗到死亡，需要两个生长季。如野胡萝卜、牛蒡、黄蒿等。二年生杂草种类较少。

（3）**多年生杂草**　生活年限二年以上，也可能一直活下去。许多多年生杂草在生活的第一年不开花结果，只进行营养生长，以后每年可多次开花结果。枝条结果后地上部死去，但当年或翌年又能从匍匐茎、茎基、根茎、球（块）茎、根颈、水平根、球（块）根等部位重新发出新的分蘖或枝条，形成新植株。多年生杂草除种子繁殖外，无性繁殖能力也很强大。依据繁殖特性，多年生杂草又可分为简单型、复杂型两类。

①简单型多年生杂草。以种子繁殖为主，新生枝条自茎基、根颈抽出，如酸模、车前子、蒲公英等。

②复杂型多年生杂草。具有较为发达的匍匐茎、根茎、球（块）茎、水平根、球（块）根等营养繁殖器官，如田旋花、刺儿菜、香附子等。

2. **按叶片形状分类**　按叶片形状可将杂草分成窄叶杂草、阔叶杂草两类。

（1）**窄叶杂草**　习惯上将禾本科杂草称为窄叶杂草，与禾本科杂草叶片形状相似的禾草状杂草也称为窄叶杂草。一般指禾本科和莎草科杂草，即种子萌发出土时具有一片子叶的杂草。此类杂草茎秆圆筒形，有节，叶片狭长，叶脉平行，叶鞘一侧纵裂开，根系为须根。

（2）**阔叶杂草**　与禾本科杂草相比较，叶片较为宽大的杂草称为阔叶杂草。即种子萌发出土时具有两片对生的子叶的杂草，此类杂草叶面积大，叶片着生角度大，叶片平展，叶脉网状，根系为直根。

3. **按寄生性分类**　按寄生性可将杂草分成自生、寄生、半寄生三类。

（1）**自生杂草**　独立进行光合作用制造养分，不依赖吸收其他植物的养分而生活。

（2）**寄生杂草**　不能独立进行光合作用制造养分，必须寄生在其他植物上，依赖吸收寄主的养分而生活。如菟丝子、列当等。

（3）**半寄生杂草**　兼营寄生和自生两种生活方式，没有寄主存在时能独立生活。如百蕊草。

三、杂草的繁殖与传播

杂草可通过种子、根、茎、叶或根茎、匍匐茎、块茎、球茎和鳞茎等繁殖。大多数一年生杂草都用种子繁殖，但也有不少杂草，尤其是多年生杂草，除了用种子繁殖外也能用营养器官繁殖，如匍匐茎、根茎、根甚至叶等。不同种类杂草的繁殖能力差别很大，部分杂草的繁殖能力极其强大，如绿狗尾草、苣荬菜、马齿苋、画眉草、艾蒿等产种子多，繁殖能力强。

杂草可以营养繁殖体通过多种途径进行传播，尤其是种子，传播方式更是多样。如荠菜、灰菜等的种子成熟后直接掉在土中；蒲公英、刺儿菜等的种子具有冠毛，可被风吹到远处；稗草、水莎草的种子及根茎等能随着灌溉水、河水漂向远方；鬼针草、苍耳等的种子具有钩刺或芒状冠花，易附着于人的衣裳、动物的皮毛传播到远处；有的种子随目标草种收获带出田间，又随草种调运传到远方；有的种子被动物采食，经动物粪便散布各处；许多种子和营养繁殖器官也可被播种、耕作及收获机械带走，传到各地。

四、杂草的危害性

我国咖啡产区杂草发生普遍且为害严重。新定植咖啡园不防除杂草，则可导致新定植咖啡树生长缓慢，甚至停止生长，最后枯死。老龄咖啡园杂草丛生，尤其是雨水季节不防除杂草，则会造成大量减产。杂草的为害成为长期以来影响我国咖啡生产发展的一大问题。尤其是人少地多、劳动力缺乏、人均管理面积大的咖啡园更为突出。

杂草对咖啡园的为害具体表现在杂草能大量掠夺咖啡生长所需要的水分、养分，争夺空间，阻碍咖啡生长，降低产量；杂草丛生的咖啡园，妨碍农事操作，如施肥、采果等，杂草丛生的咖啡园使得农事操作不便，增加了用工量，从而增加生产成本；此外，杂草又是病虫害的中间寄主，杂草多还会导致鼠害。因此，杂草丛生有利于病、虫、鼠害的传播和扩展，从而影响咖啡生长、降低咖啡产量。

五、咖啡园主要杂草与分布

我国咖啡种植区位于热带亚热带地区，气温较高，雨量充沛，一年四季杂草丛生。根据对云南咖啡园杂草调查结果得出，云南咖啡种植园区发生为害杂草种类超过150种。总的来说禾本科杂草为害最严重，阔叶类杂草为害次之。从杂草生活史上看，一年生杂草为害面广，在新植咖啡园为害重，菊科种类最多；多年生杂草在三年以上咖啡园大范围发生为害，尤以老龄咖啡园和山地多年咖啡园为害较重。本章重点介绍咖啡园杂草共8科21种。

由于受气候条件和长期管理方式的影响，杂草在不同气候区域、不同土地类型、不同海拔及不同种植年限等上形成相对稳定的杂草群落结构。湿热种植区以鬼针草、藜、竹节菜、龙葵等为主要杂草；干热种植区以禾本科杂草、胜红蓟、小飞蓬、香附子、赛葵等为主要杂草。新植咖啡园以鬼针草、小飞蓬、革命菜、鸭跖草等为主要杂草；老龄咖啡园以香附子、藜、赛葵、胜红蓟等为主要杂草。高海拔山地咖啡园胜红蓟、白茅、青蒿、飞机草等为主要杂草。

六、咖啡园杂草的发生规律

咖啡园杂草发生为害期为3～10月，发生高峰期主要为夏季，此时由于雨水多，气温高，有利于杂草的发生，如果防治不及时，杂草茂盛生长，容易形成群落。秋季杂草发生

相对减少，但遇水分充足时，仍会有新的杂草发生。一般至秋季田间多为大、老龄杂草，杂草较高大，能把地面完全覆盖，特别是以根、茎繁殖的多年生杂草发生严重，对咖啡植株水肥和光热掠夺也最严重，所以咖啡园除草时间上要早防控，才能减少杂草的发生为害。

第二节　咖啡园杂草的防除措施

　　由于咖啡园生态受自然和耕作的双重影响，杂草的类群和发生动态各异，单一的除草措施往往不易获得较好的防除效果。因此，杂草的防除，应采用综合防除措施，即因地制宜地综合运用各种措施的互补与协调作用，达到高效而稳定的防除目的。以化学防除措施控制作物前期的杂草，结合栽培管理促成作物生长优势，可抑制作物生育中、后期发生的杂草；用输导型除草剂防除多年生杂草，结合种植绿肥覆盖地表可抑制杂草继续发生等。杂草的防除应以生态学为基础，对病、虫、杂草等有害生物进行综合治理，研究探索在一定耕作制条件下，各类杂草的发生情况和造成经济损失的阈值，并将各种除草措施因地因时有机结合，创造合理的农业生态体系，有可能使杂草的发生量和为害程度控制在最低的限值内，保证作物持续高产。

　　杂草的防除能使病虫害失去众多的中间寄主和野生寄主，在一定程度上减轻病、虫、鼠害；咖啡可以充分利用田间养分、水分、空间等条件，以促进自身正常良好生长，从而获得高产。

一、人工除草

　　人工除草包括手工拔草和使用简单农具除草。现在都是在采用其他措施除草后，作为去除局部残存杂草的辅助手段。

　　耙草：此法适用于小咖啡农，其优点是由于只松动表土，大大减少土壤冲刷，另外也不会严重伤害咖啡根系。

　　砍草：土壤太湿，用耙或施耕机除草效果不佳时，砍草能使杂草与咖啡竞争水分和养分减少到最小限度。

　　幼龄咖啡园除草通常采用该方法进行防除，在整地时根除多年生难除杂草（如马唐、狗牙根、白茅草）。咖啡苗定植后两年，在植株两侧各留一条60cm宽覆盖带，控制周围的阔叶杂草和一年生禾本科杂草。

二、机械除草

　　使用畜力或机械动力牵引的机具除草。一般在作物苗期进行机械中耕耖耙与覆土，以控制咖啡园杂草的发生与为害。工效高、劳动强度低。缺点是难以清除苗间杂草，不适于间套作或密植作物，频繁使用还可引起耕层土壤板结。此法过去多在大咖啡园使用。

三、物理除草

利用水、光、热等物理因子除草。如用水淹法防除旱生杂草，用深色塑料薄膜覆盖土表遮光，以提高温度除草等。覆盖能控制杂草生长，保持土壤水分，防止土壤侵蚀，增加土壤有机质。覆盖物通常是玉米秆、咖啡皮或其他作物残渣。

四、化学除草

化学除草，就是用化学药剂全部或部分地代替人工和机械除草的方法。除草剂是化学除草的药剂，用除草剂除去杂草而不伤害作物。化学除草的这一选择性，是根据除草剂对作物和杂草之间植株高矮和根系深浅不同所形成的"位差"、种子萌发先后和生育期不同所形成的"时差"，以及植株组织结构和生长形态上的差异、不同种类植物之间抗药性的差异等特性而实现的。此外，环境条件、药量和剂型、施药方法和施药时期等也都对选择性有所影响。20世纪70年代出现的安全剂，用以拌种或与除草剂混合使用，可保护作物免受药害，扩大了除草剂的选择性和使用面。由种子萌发的一年生杂草，一般采用持效期长的土壤处理剂，在杂草大量萌发之前施药于土表，将杂草杀死于萌芽期。防除根状茎萌发的多年生杂草，则采用输导作用强的选择性除草剂，在杂草营养生长后期进行叶面喷施，使药剂向下传导至根茎系统，从而更好地发挥药效。

与机械和人工除草相比，化学除草具有高效、及时、省工、减轻劳动强度、降低农业生产成本、提高劳动生产率等特点，尤其是在雨季土壤太湿，耙草或机耕除草等都不适宜时就可以使用化学除草剂进行除草。比起中耕除草，化学除草更能使枯草长期覆盖地面，保持水土。适应现代农业生产作业，还有利于促进免耕法和少耕法的应用。但大量使用化学物质对生态环境可导致长远的不利影响。这就要求除草剂的品种和剂型向低剂量、低残留的方向发展，同时力求与其他措施有机地配合，进行综合防除，以减少施药次数与用药量。

（一）除草剂的分类

1. **按作用性质分类**　专用于防除杂草及有害植物的药剂称为除草剂，按其作用性质将除草剂分为两大类，即灭生性除草剂和选择性除草剂。

（1）**灭生性除草剂**　这些除草剂选择性小或不具有选择性，不加选择地杀死各种杂草和作物，这类除草剂称为灭生性除草剂。例如五氯酚钠、百草枯、草甘膦等，主要用于田边地埂除草，通过时差、位差安全用于农田除草。

（2）**选择性除草剂**　一些除草剂在不同的杂草之间具有选择性。即在一定剂量范围内，这类除草剂能杀死某些杂草，而对另一些杂草则无效，对一些作物安全，但对另一些作物有伤害。例如，2甲4氯能杀死鸭舌草、水苋菜、异型莎草、水莎草等杂草，而对稗草等禾本科杂草无效，可在种植禾本科类作物的田内使用，但对阔叶作物则有严重药害。

2. 按作用方式分类　按照其作用方式分为内吸性除草剂和触杀性除草剂。

（1）**内吸性除草剂**　能被杂草根茎、叶分别或同时吸收，通过输导组织运输到植物体的各部位，破坏它的内部结构和生理平衡，从而造成植株死亡，这种方式称为内吸性，具有这种特性的除草剂称为内吸性除草剂。如2甲4氯、草甘膦可被植物的茎、叶吸收，然后转到植物体内各个部位，包括地下根茎，所以草甘膦能防除一年生杂草外，还能有效地防除多年生杂草。

（2）**触杀性除草剂**　某些除草剂喷到植物上，只能杀死直接接触到药剂的那部分植物组织，但不能内吸传导，具有这种特性的除草剂称为触杀性除草剂。这类除草剂只能杀死杂草的地上部分，对杂草地下部分或有地下繁殖器官的多年生杂草效果较差，如除草醚、五氯酚钠等。

3. 按施药对象分类　按施药对象分为土壤处理剂和茎叶处理剂。

（1）**土壤处理剂**　即把除草剂喷洒于土壤表层或通过混土操作把除草剂拌入土壤中一定深度，建立起一个除草剂封闭层，以杀死萌发的杂草。除草剂的土壤处理除了利用生理生化选择性来消灭杂草之外，在很多情况下是利用时差或位差来选择性灭草的。如莠去津、除草醚、扑草净等。

（2）**茎叶处理剂**　即把除草剂稀释在一定量的水或其他惰性填料中，对杂草幼苗进行喷洒处理，利用杂草茎叶吸收和传导来消灭杂草。茎叶处理主要是利用除草剂的选择性来达到灭草保苗的目的。如阿灭净、莠去津等。

（二）咖啡园常用除草剂及用量

通用的土壤处理除草剂是阿特拉津、敌草隆、西玛津、伏草隆、利谷隆、磺草灵混剂和果尔。叶面处理除草剂是杀草强、2，4-滴、2甲4氯、百草枯、茅草枯、草甘膦、稳杀得和碘苯腈混剂。稳杀得是一种选择性禾本科杂草防除剂。

使用下列3种除草方法，通过少耕或免耕，可以长期有效地控制咖啡园杂草。

①对易防除的一年生杂草多次施用百草枯。

②在每个雨季开始时，混施触杀型除草剂（如百草枯和杀草强）和土壤处理除草剂（如敌草隆和西玛津），随后按需要喷触杀型除草剂。

③结合以上两点，对多年生难除杂草喷施内吸传导型除草剂（如茅草枯和草甘膦）。草甘膦防除具匍匐茎和根状茎的多年生杂草（如狗牙根、马唐）很有效。

采用下列除草剂配方，既可有效地除草又可降低成本：

①百草枯（20%水剂）1.0L/hm²+敌草隆（80%可湿性粉剂）1.25kg/hm²。

②敌草隆（80%可湿性粉剂）1.25kg/hm²+杀草强（50%可湿性粉剂）5.0kg/hm²。

③西玛津（80%可湿性粉剂）3.125kg/hm²+杀草强（50%可湿性粉剂）5.0kg/hm²。

④磺草灵混剂（65%乳油）6.5L/hm²+碘苯腈混剂（70%乳油）1.4L/hm²。

为了有效防除杂草，除采用砍草结合施用百草枯的地方外，其他地方每年需施药5~6次。防除10~15cm高的杂草，应用百草枯（2L/hm²，兑水250L）全面喷施；对小咖啡园每百株咖啡树用百草枯160mL，兑水20L喷施。随后，每公顷用70mL或每百株咖啡树用50mL喷施杂草现场。用7.80kg/hm²茅草枯（74%可湿性粉剂）或3L/hm²兑水250L的草甘膦（36%）可灭除多年生禾本科杂草。而小咖啡园的用量是每百株树喷施茅草枯200g，兑水200L；或草甘膦240mL，兑水20L。

使用除草剂防除幼龄咖啡行间杂草应注意：在雨季开始时，施用西玛津（80%可湿性粉剂）可控制杂草生长。西玛津没有触杀性，是最安全的土壤处理除草剂，由于它难溶解，不可能淋溶到咖啡的根区。施用百草枯（20%水剂）也可防除行间杂草，用量为2L/hm²。要用背负式喷雾器喷施，避免药液滴溅到幼龄咖啡树皮而使咖啡树易受镰刀菌侵染。在喷雾器上装一个保护罩会更安全地防除幼龄咖啡园的杂草。

（三）最佳施药时间

根据杂草消长规律、为害特点、咖啡生长及其管理特点进行施药除草。

（四）咖啡园使用除草剂的基本要求

（1）作土壤处理的地块，土地要平整、土块要细碎。大土块容易在田间形成空隙，药液很难喷洒到空隙内，杂草容易从这些地方生长。

（2）施药时土壤要有一定的湿度，以利于药剂的吸收，一般在灌溉后或雨水后施药效果好。

（3）喷药要均匀，喷药后不要翻动土面，以免破坏药层和将药层下的杂草种子带到土壤表层，起不到化学除草作用。

（4）叶片喷施时，应根据杂草的种类及草龄选择相应的除草剂进行处理，在杂草出齐、生长旺盛期喷施效果好，对草龄大的应适当增加药量。

（5）有间作物的咖啡园使用除草剂时，必须对间作物安全。

（6）施用灭生性杂草作茎叶处理时，应对杂草喷雾，尽量避免药液溅到咖啡叶上面而产生药害。

五、生物除草

利用昆虫、禽畜、病原微生物和竞争力强的置换植物及其代谢产物防除杂草。如在咖啡园中养鸡、鸭防除杂草。生物除草不产生环境污染，成效稳定持久，但对环境条件要求严格，见效慢。

六、生态除草

采用农业或其他措施，在较大面积范围内创造一个有利于作物生长而不利于杂草繁殖生长的生态环境。如实行水旱轮作制度，对许多不耐水淹或不耐干旱的杂草都有良好的控制作用。在经常耕作的农田中，多年生杂草不易繁衍；在免耕农田或耕作较少的茶、桑、果、橡胶园中，多年生杂草蔓延较快，一年生杂草则减少。合理密植与间作、套种，可充分利用光能和空间结构，促进作物群体生长优势，从而控制杂草发生数量与为害程度。

第三节　咖啡园使用除草剂产生的负面影响

除草剂能除去田间多种杂草，为农户节省了很多劳动力，为我国的农业生产做出了很大贡献。在我国农业生产发展中，由于重点研究了草甘膦的除草作用，而对使用草甘膦对人畜产生的危害、土壤残留等生态环境破坏的解救方法等方面的关注相对较少。但是不正确使用草甘膦，将会给我国的畜牧业发展和人类带来很大的危害。咖啡园中长期使用除草剂，将会造成咖啡树枯黄、落叶和土壤中除草剂残留多，导致咖啡园内生态系统失去平衡。尤其是使用内吸性、传导性、灭生性除草剂，对根系杀伤力极大，而咖啡是浅根系作物，根系极易被杀伤，严重影响肥、水吸收，对产量和品质影响较大，尤其对咖啡幼树影响更为严重，轻则生长迟缓，重则死亡。咖啡园内频繁使用除草剂或除草剂使用不当，将会带来以下四方面的问题：

1. 对有益草的影响　由于使用草甘膦等一些除草剂对杂草不具有选择性，在防除杂草的同时，也将有益草等杀死，长期下来，会造成水土流失、咖啡根外露。

2. 对咖啡的影响　由于咖啡根系较浅，使用草甘膦等除草剂，严重影响根系吸肥，导致养分供应不足。幼苗期使用，导致生长缓慢，分枝对数减少，叶黄、落叶；成龄咖啡树使用草甘膦，导致叶片畸形，落果。

3. 对生态环境的破坏

（1）杂草转换　随着对除草剂特定作用方式更具耐受性的草类占据优势，草甘膦和残留性除草剂的广泛使用已经导致草种植物群发生改变（"杂草转换"）。"软性"杂草（通常为易于控制的一年生匍匐类草）被重新侵入已清理土地的更具侵略性的有害杂草替代，进而使作物产量下降。这些"有害"杂草主要有蔓生和攀爬类一年生及常年生阔叶草，如丰花草属（*Borreria* spp.）、番薯属（*Ipomoea* spp.）和鸭跖草属（*Commelina* spp.）杂草。这些杂草与咖啡争夺资源，给喷洒、施肥和收获造成困难。

（2）土壤侵蚀　使用草甘膦和残留性除草剂使土壤裸露时间延长，这将带来土壤侵蚀问题，可能对种植咖啡的斜坡地带造成严重危害。

在咖啡农场斜坡上（尤其是地势高的地区）使用除草剂消除杂草是造成土壤裸露和侵蚀的主要原因之一。

（3）土壤残留　有研究表明用草甘膦除草，对地下水可能具有潜在的风险。

4. 对人畜的影响　喷洒草甘膦期间，草甘膦的气味易被人畜吸入口鼻，通过呼吸系统和消化系统进入，造成中毒，严重者窒息而死。

第四节　咖啡园主要杂草识别

一、禾本科

（一）白茅

白茅（*Imperata cylindrica*），属禾本科白茅属多年生草本植物，被认为是世界上最恶毒的10种杂草之一。白茅会侵占土地和森林，毁坏农作物，破坏本土植物，颠覆生态系统。

1.分布　广泛分布于热带、亚热带、暖温带和温带低海拔地区。生长适应能力强，生态幅广，是空旷地、果园、田埂等极为常见的杂草。

2.形态特征

茎：株高30～80cm，具发达、粗壮根状茎，秆直立，具1～3节，秆节无毛，常为叶鞘包裹。

叶：分蘖叶片平展，长约20cm，宽0.8～1cm，质地较薄，秆生叶片条形，通常内卷，质硬，被有白粉，先端渐尖呈刺状，基部渐窄；叶鞘质地厚，聚集于秆基，长于节间，老后破碎呈纤维状。叶舌膜质，紧贴其背后，鞘口处具毛。

花：圆锥花序，稠密。长20cm左右，宽3cm左右。

果实：颖果，椭圆形，长0.1cm。

幼苗：第一真叶线状披针形，边缘略粗糙。

3.生物学特性　为多年生草本，花果期4～7月，多以根状地下茎繁殖为害，也可以种子繁殖为害。

4.为害　由于白茅大多用根状茎繁殖，繁殖器官生长在土壤深层，与咖啡共同竞争水肥及地下部分空间，为害最严重，清除困难，而且根状茎有休眠特性。铲除极其费工，除非彻底深翻，拣出全部根状茎，运至田外销毁，否则遇雨或有水分见土又会成活。晒干的根茎遇湿土还能成活，为其防治造成很大的困难，已经成为咖啡园中的顽固恶性杂草。

附图

白　茅

（二）千金子

千金子（*Leptochloa chinensis*），又称绣花草，是一类世界性农田恶性杂草。

1. 分布　广泛分布于各地咖啡园内。种子繁殖，蔓延快，为害严重。

2. 形态特征

茎：株高30～90cm，秆直立，丛生，基部膝曲或倾斜，平滑无毛。

叶：叶片扁平，先端渐尖，两面微粗糙或下面平滑，长5～25cm，宽0.2～0.5mm，具小短毛。

花：圆锥花序长10～30cm，分枝及主轴均微粗糙；小穗多带紫色，长0.2～0.4mm，含3～7小花。

果：颖果长圆球形，长约0.1cm。

幼苗：第一片真叶长椭圆形，长0.3～0.7cm，叶鞘短，约0.2cm，边缘白色膜质。叶舌环状，膜质，顶端齿裂。

3. 生物学特性　一年生草本，花果期8～11月，种子繁殖。

4. 为害　千金子长势旺盛，在幼龄咖啡园内，与周围咖啡争水、争肥、争空间的现象十分严重，且密度高，对咖啡生长及发育造成严重影响。同时由于千金子较高，极不利于咖啡园进行农事操作，管理成本大大增加。

附图

千金子

（三）竹叶草

竹叶草（*Oplismenus compositus*），多年生草本。

1. 分布　主要分布于热带和亚热带地区。国内主要分布于云南、贵州、湖南、广东、广西。

2.形态特征

茎：秆较纤细，基部平卧地面，节着地生根，地上部分高20～80cm。

叶：叶片披针形至卵状披针形，基部多少包茎而不对称，长3～8cm，宽0.05～0.2cm，具横脉。叶鞘短，无毛。

花：圆锥花序，长5～15cm，主轴无毛或疏生毛；分枝互生而疏离，长2～6cm。小穗有时带点紫色，由两朵花所构成。

果：颖果椭圆形。

3.生物学特性　不详。

4.为害　该草前期与咖啡树争肥、争光，影响植株生长；后期直立向上蔓延伸出咖啡顶部，与咖啡抢占上部空间，影响咖啡光合作用，抑制咖啡生长。

附图

竹叶草　　　　　　　　　　　　　　　　　竹叶草叶片

二、菊科

（一）飞机草

飞机草（*Chromolaene odorata*），别名解放草、黑头草等，多年生草本。在我国南方各省份为害成灾。它侵占林地、草场、农田，为害农、林、牧业，危及人畜健康，严重阻碍社会经济发展。

1.分布　飞机草是一种有毒、侵占性极强的检疫性杂草，广泛分布于南美洲、亚洲、非洲、大洋洲的30多个国家的热带地区。国内主要分布于云南、海南、福建、香港、澳门、台湾等地。

2.形态特征

茎：直立，高1～3m，苍白色，有细条纹；分枝粗壮，常对生，水平射出，与主茎成直角，少有分枝互生而与主茎成锐角的；茎枝被稠密黄色茸毛或短柔毛。

叶：对生，卵形、三角形或卵状三角形，长4～10cm，宽1.5～5cm，质地稍厚，有叶柄，柄长1～2cm，上面绿色，下面色淡，两面粗涩，被长柔毛及红棕色腺点，下面及沿脉的毛和腺点稠密，基部平截，顶端急尖。

花：头状花序，花序下部的叶小，常全缘。花序梗粗壮，密被稠密的短柔毛。花冠管状，淡黄色，柱头粉红色。

果：瘦果，狭线形，有棱，长5mm，棱上有短硬毛；冠毛污白色，有糙毛。

3.生物学特性　丛生型多年生草本或亚灌木，瘦果能借冠毛随风传播，而成熟季节恰值干燥多风的旱季，故扩散、蔓延迅速。种子的休眠期很短，在土壤中不能长久存活。花果期4～10月。

4.为害　在咖啡园内，飞机草主要抢夺咖啡植株的生存空间和土壤养分，抑制咖啡生长。

附图

飞　机　草

（二）革命菜

革命菜（*Crassocephalum crepidioides*），一年生高大草本。

1.分布　原产于热带非洲，国内主要分布于云南、四川、湖北、广东、广西等地。

2.形态特征

茎：高50～120cm，具纵条纹，光滑无毛，上部多分枝。

叶：长圆状椭圆形，长7～12cm，宽4～5cm，单叶互生，先端渐尖，边缘有重锯齿或有时基部羽状分裂，两面近无毛；叶柄长1～2.5cm。

花：头状花序，排成圆锥状聚伞花序；总苞圆柱形；总苞片2层等长，条状披针形，边缘膜质，白色，顶端有短簇毛；花全为筒状两性花，粉红色，花冠顶端5齿裂，花柱分枝有细长钻形的附器。

果：瘦果狭圆柱形，赤红色，有纵条，被毛；冠毛丰富，白色。

3.生物学特性　一年生直立草本，生长于湿热地区，花果期7～11月，瘦果冠毛随风飘散。

4.为害　多发生于新定植咖啡园，常常与幼龄树竞争水肥，影响幼树生长。

附图

革 命 菜

（三）鬼针草

鬼针草（*Bidens pilosa*），属菊科鬼针草属一年生草本。是一种外来入侵杂草，也是咖啡园常见的农业杂草，对咖啡及农作物生产、环境及生物多样性造成严重的危害。

1.分布　原产于热带美洲，由于瘦果冠毛芒状具倒刺，可随人和货物等入侵国内，目前已广泛分布于全国各地。

2.形态特征

茎：直立，高30～100cm，基部具四棱形，无毛或上部被极稀疏的柔毛。

叶：羽状复叶，茎下部叶较小，3裂或不分裂；中部叶具长1.5～5cm无翅的柄，小叶3枚，两侧小叶椭圆形或卵状椭圆形；顶生小叶较大，长椭圆形或卵状长圆形，长3.5～7cm，先端渐尖，基部渐狭或近圆形；上部叶小，3裂或不分裂，条状披针形。

花：头状花序直径约0.8mm，花序梗长1～6cm(果时长3～10cm)。外层苞片7～8枚，条状匙形。

果：瘦果，黑色，条形，略扁，具棱，长0.7～1.3cm，宽约0.1cm，上部具稀疏瘤状突起及刚毛，顶端芒刺3～4枚，具倒刺毛。

幼苗：子叶长圆状披针形，长约3cm，先端锐尖，基部渐狭至叶柄，光滑无毛。初生叶2片，二回羽状深裂，叶缘具不整齐锯齿，并具睫毛，主脉被疏短毛；具柄。上胚轴与下胚轴均发达，紫红色。

3.生物学特性　一年生草本，花果期7～8月。靠种子繁殖。

4.为害　在部分咖啡园，鬼针草发生密度高，种子数量大、重量轻，随风和雨水传播；种子带芒，有利于人畜传播。大量发生时，与咖啡树共同竞争水肥，影响咖啡生长。

鬼 针 草

（四）山苦荬

山苦荬（*Ixeris chinensis*），属菊科多年生草本。

1.分布 遍及全国各地，生于平原至海拔1 500m的山坡、农田、路旁或荒地等。

2.形态特征

茎：直立，株高10 ～ 30cm，分枝。基生叶线状披针形、披针形或倒披针形，长3 ～ 20cm，宽1 ～ 2cm，先端渐尖或钝圆，基部楔形下延，全缘、具齿或不规则羽状分裂，

叶：线状披针形或披针形，长5 ～ 7cm，宽5 ～ 8mm，先端渐尖，基部渐狭，稍抱茎，全缘或具齿。

花：圆锥花序，总花序梗细长，长5 ～ 35mm；总苞圆筒状，外层总苞片4个，卵形；内层8个，线状披针形，先端钝；舌状花黄色或白色，稀淡紫色，舌片长约8mm。

果：果实狭披针形，长约3.5mm，稍弯曲，红棕色，喙长3mm；冠毛白色，刚毛状，长约6mm。花期4 ～ 7月，果期5 ～ 8月。

3.生物学特性 多年生草本，花果期4 ～ 10月，根芽及种子繁殖。

4.为害 该草为咖啡园内常见杂草，常常与咖啡争夺养分，以种子和根繁殖为害。

山 苦 荬

（五）胜红蓟

胜红蓟（*Ageratum conyzoides*），属菊科一年生草本，为区域性恶性杂草。

1. 分布　是一种外来入侵杂草，分布于南美洲中部和亚洲。在我国主要分布于长江以南地区，特别是云南、海南、广东、广西、福建、香港等地生长最多。

2. 形态特征

茎：高50～100cm，无明显主根，粗壮，不分枝或自基部或自中部以上分枝，或下基部平卧而节常生不定根。全部茎枝淡红色，或上部绿色，被白色尘状短柔毛或上部被稠密开展的长茸毛。

叶：叶对生，有时上部互生，常有腋生的不发育的叶芽。中部茎叶卵形或椭圆形或长圆形，长3～8cm，宽2～5cm，叶基部钝或宽楔形，基出3脉或不明显5出脉，顶端急尖，边缘圆锯齿。

花：头状花序，花序径1.5～3 cm，花梗长0.5～1.5cm，被短柔毛。总苞钟状或半球形，宽0.5cm。总苞片2层，长圆形或披针状长圆形；花冠长0.1～0.2cm，外面无毛或顶端有尘状微柔毛，淡紫色。

果：瘦果黑褐色，5棱，长0.12～0.17cm，有白色稀疏细柔毛。冠毛膜片5个或6个，长圆形，顶端急狭或渐狭成长或短芒状，或部分膜片顶端截形而无芒状渐尖；全部冠毛膜片长0.15～0.3cm。

3. 生物学特性　一年生草本，花果期全年。种子繁殖为害。常发生于农田、路旁、荒地等。在低山、丘陵及平原普遍生长。喜较湿润、温暖及阳光充足的环境，遇酷暑生长会受到抑制。

4. 为害　胜红蓟分枝能力强，容易生根成活，化感作用强烈，经常在咖啡园中变成优势种群，尤其是在咖啡新种植园，该草能抑制咖啡的生长，且发生量大，为害严重。

附图

胜 红 蓟

（六）腺梗豨莶

腺梗豨莶（*Siegesbeckia pubescens*），属菊科一年生草本。

1.分布　分布极为广泛，遍及全国各地，生于山坡、山谷林缘、灌丛林下的草坪中、河谷、溪边、河槽潮湿地、旷野、耕地边等处也常见。

2.形态特征

茎：直立，粗壮，高30～110cm，上部多分枝，被灰白色长柔毛和糙毛。

叶：基部叶卵状披针形，花期枯萎；叶柄先端渐尖，边缘有尖头状规则或不规则的粗齿；基出3脉，侧脉和网脉明显，两面被平伏短柔毛，沿脉有长柔毛。

花：圆锥花序；花梗较长，密生紫褐色头状具柄腺毛和长柔毛；总苞宽钟状；总苞片2层，叶质，背面密生紫褐色头状具柄腺毛，外层线状匙形或宽线形，内层卵状长圆形。

果：瘦果，倒卵圆形，4棱，顶端有灰褐色环状突起。

3.生物学特性　花期5～8月，果期6～10月。种子繁殖。

4.为害　该草生长迅速，广泛分布于咖啡园内，与咖啡共同竞争养分、水分，对咖啡生产造成影响。该草较高，给咖啡园农事操作带来不便。

附图

腺梗豨莶

（七）小飞蓬

小飞蓬（*Conyza canadensis*），属菊科多年生或一年生草本植物。

1.分布　分布较为广泛，几乎遍及全国农田。

2.形态特征

茎：直立，株高50～100cm，具粗糙毛和细条纹。

叶：叶互生，叶柄短或不明显。叶片窄披针形，全缘或微锯齿，有长睫毛。

花：头状花序有短梗，多形成圆锥状。总苞半球形，总苞片2～3层，披针形，边缘膜质。舌状花直立，小，白色至微带紫色，筒状花短于舌状花。

果：瘦果，扁长圆形，具毛，冠毛污白色。种子繁殖。

幼苗：除子叶外全体被粗糙毛，子叶卵圆形，初生叶椭圆形，基部楔形，全缘。成株高40~120cm。

3.生物学特性　小飞蓬为一年生或越年生杂草。主要靠种子繁殖。10月初发生，10月中下旬出现高峰期，花期在翌年6~9月，果实7月渐次成熟。

4.为害　该草具有很强的地域侵略性，田间调查发现，该草生长区其他杂草几乎不能生长，几乎形成单一群落。该草繁殖能力强，生长速度快、生育期短，消耗土壤肥力，给咖啡生长带来一定的影响。

附图

小　飞　蓬

（八）一点红

一点红（*Emilia sonchifolia*），属菊科一年生草本。

1.分布　分布范围较广，在云南常生于山坡荒地、田埂、路旁。

2.形态特征

茎：直立或斜升，高25~40cm，稍弯，通常自基部分枝，灰绿色，无毛或被疏短毛。

叶：下部叶密集，大头羽状分裂，长5~10cm，下面常变紫色，两面被卷毛；中部叶疏生，较小，卵状披针形或长圆状披针形，无柄，基部箭状抱茎，全缘或有细齿；上部叶少数，线形。

花：头状花序，达1.4cm，花前下垂，花后直立，常2~5排成疏伞房状，花序梗无苞片；总苞圆柱形，长0.8~1.4cm，基部无小苞片，长圆状线形或线形，黄绿色，约与小花等长。小花粉红或紫色，长约1cm。

果：瘦果，圆柱形，肋间被微毛；冠毛多。

3.生物学特性　喜温暖、阴凉、潮湿环境，种子或根状茎繁殖。

4.为害　属咖啡园普通杂草，常常与咖啡树争夺养分、水分，给咖啡生长带来一定影响。

一 点 红

三、锦葵科（赛葵）

赛葵（*Malvastrum coromandelianum*），属锦葵科多年生亚灌木状草本。

1.分布　广泛分布于全球热带地区，国内分布于云南、台湾、福建、广东、香港、海南、广西。是一种热带地区常见杂草。

2.形态特征

茎：基部宽楔形至圆形，边缘具粗锯齿，上面疏被长毛，下面疏被长毛和星状毛。

叶：托叶披针形，叶柄长1～3cm，密被长毛。

花：1～2朵，单生于叶腋，黄色。

籽实：分果直径约6mm，扁，分果片8～12，肾形，疏被星状柔毛，背部具二芒刺。

3.生物学特性　直立、分枝、多年生亚灌木状草本，散生于干热草坡、荒地、路旁，终年开花。靠种子繁殖，并可用地下芽进行营养繁殖。

4.为害　该草与咖啡争夺养分、水分，影响植株生长。

附图

赛 葵

四、爵床科（老鼠黄瓜）

老鼠黄瓜（*Thunbergia grandiflora*），属爵床科蔓延性多年生缠绕藤本。别名土玄参、强过头等。

1. 分布   主要分布于广东、海南、广西、云南等省份的低海拔地区。

2. 形态特征

茎：茎伸长，长1.3～1.6m，木质；小枝细长，密生茸毛，绿色；老藤可以深裂得很深，像软木塞的质料一样，软软的，里面是空心的，外表有很深裂的皱纹，很沧桑的感觉，很容易辨识。

叶：单叶对生，卵形，少数为长椭圆形或长椭圆状披针形，长2.5～6cm，宽2～5cm，先端锐尖或渐尖而有尖突，基部圆或心形，纸质或薄革质，全缘；表里两面皆密生锈色茸毛，中肋呈不明显的三出脉于表面略凹下，而于背面显著隆起，侧脉及细脉皆明显细致；叶柄长1～1.5cm，密生茸毛。

花：腋生，聚伞花序作伞形排列，花数甚多而甚小，花冠轮形，带暗紫红色。

果：为   果，牛角形，两两对生，张开近180°。果实包覆着有白色毛絮的种子，开裂后种子会随着风飘送。

3. 生物学特性   不详。

4. 为害   主要以茎蔓延缠绕咖啡树为害，与咖啡争夺养分、水分、光照，侵占上部空间，影响咖啡树光合作用，致使咖啡品质和产量下降。由于整个植物缠绕在咖啡树上，给果实采摘、植株修剪带来极大的不便，增加了管理成本。

附图

枯死的茎缠绕咖啡树

缠绕咖啡树

五、藜科（小藜）

小藜（*Chenopodium serotinum*），属藜科一年生草本。别名灰条菜、小灰条。

1.分布　除西藏外，全国各地均有分布。生长快、密度大，为农田主要杂草。

2.形态特征

茎：高20～50cm，直立，具条棱及绿色色条。

叶：卵状，长2.5～5cm，宽1～3.5cm，通常3浅裂；中裂片两边近平行，先端钝或急尖并具短尖头，边缘具深波状锯齿。

花：圆锥状花序；花被近球形，5深裂，裂片宽卵形，不开展，背面具微纵隆脊并有密粉。

果：胞果包在花被内，果皮与种子贴生。

种子：双凸镜状，黑色，有光泽，直径约0.1cm，边缘微钝，表面具六角形细注；胚环形。

3.生物学特性　一年生草本，花果期5～10月。种子繁殖。生殖力强，成株每株产种子数万粒至数十万粒，在土层深处能保持10年以上仍有发芽能力，被牲畜食后排出体外还能发芽。

4.为害　该草为咖啡园间常见杂草，常常与咖啡争夺养分、水分、光等，种子繁殖能力特强，对咖啡生长造成一定的影响。

附图

小　藜

六、茄科

（一）龙葵

龙葵（*Solanum nigrum*），属茄科一年生草本。别名苦葵、野海椒，是一种双子叶恶性杂草。

1.分布　分布广泛，田间地头、房前屋后均有该草生长。

2.形态特征

茎：高约60cm。茎直立，有棱角，沿棱角稀被细毛。

叶：互生，卵形，基部宽楔形或近截形，渐狭小至叶柄，先端尖或长尖；叶缘具波状疏锯齿。

花：花序为短蝎尾状或近伞状，侧生或腋外生，白色，细小；花序梗长1～2.5cm，花柄长约1cm。

果：浆果球形，直径约0.8cm，熟时黑色。

种子：近卵形，压扁状。

3.生物学特性　一年生草本，花果期7～9月，种子繁殖。喜欢生长在微酸性土壤中，繁殖力强，生长旺盛，生育期短。

4.为害　属咖啡园常见杂草，繁殖能力强，常常与咖啡争水、争肥、争光，对咖啡生长及咖啡园农事操作造成一定的影响。

附图

龙　葵

（二）水茄

水茄（*Solanum touvum*），属茄科多年生亚灌木状草本植物。

1.分布　主要分布于热带地区，国外分布于印度、泰国、缅甸、菲律宾等，国内主要分布于云南、广西、广东、台湾等地。

2.形态特征

茎：高1～3m，小枝疏具基部宽扁的皮刺，皮刺淡黄色，基部疏被星状毛，尖端略弯曲。

叶：单生或双生，卵形至椭圆形，先端尖，基部心脏形或楔形，两边不相等，边缘半裂或呈波状，叶柄长2～4cm，具1～2枚皮刺或不具。

花：伞房花序腋外生，花白色。

浆果：黄色，光滑无毛，圆球形，直径1～1.5cm，宿萼外面被稀疏的星状毛，果柄长约1.5cm，上部膨大。

种子：盘状，直径0.15～0.2cm。

3.生物学特性　全年均开花结果，种子繁殖。喜欢生长在热带地方荒路旁等。

4.为害　吸附攀缘能力非常强，生长非常迅速，抢占地盘厉害，新定植咖啡园内，水茄生长快，对咖啡生长造成极大影响。

附图

开花的水茄

水茄植株

七、莎草科（香附子）

香附子（*Cyperu srotundus*），属莎草科多年生杂草。别名莎草、大香附。

1.分布　全国广大地区均有分布，多生于田间向阳处、路边、沟边等。

2.形态特征

茎：株高15～100cm，具长匍匐根状茎和黑色而坚硬的卵形块茎。地上茎直立，秆散生，锐三棱形，平滑。

叶：基生，短于秆，有光泽；叶鞘基部棕色。

花序：叶状苞片3～5枚，下部的2～3片长于花序；长侧枝聚伞形花序具3～10长短不等的辐射枝，每枝有3～10个小穗。

果：小坚果，三棱状长圆形，暗褐色，具细点。

3.生物学特性　多年生草本，花果期6～11月，块茎和种子繁殖。

4.为害　香附子多具地下根状茎，种子和块茎均可繁殖，其蔓延速度很快，在部分咖啡园已经成为顽固性恶性杂草，严重影响咖啡生长及产量。

附图

香附子

八、旋花科（圆叶牵牛）

圆叶牵牛（*Pharbitis purpurea*），属旋花科牵牛属多年生攀缘草本。别名圆叶旋花、牵牛花等。

1.分布　全国各地均有分布。

2.形态特征

茎：茎上被倒向的短柔毛杂有倒向或开展的长硬毛。

叶：叶圆卵形或宽卵形，被糙伏毛，基部心形，边缘全缘或3裂，先端急尖或急渐尖。

花：腋生，伞形聚伞花序，花序梗比叶柄短或近等长；花冠紫红色、红色或白色。

果：蒴果，近球形，直径约1cm，3瓣裂。

种子：卵状，三棱形，长约0.5cm，黑褐色或米黄色，被极短的糠秕状毛。

3.生物学特性　花期5～10月，果期8～11月，种子繁殖。阳性，喜温暖，不耐寒，耐干旱瘠薄，多年生攀缘草本，常生于路边、农田、荒地和篱笆间。

4.为害　在咖啡园内，该草主要爬蔓攀附于咖啡植株上，与咖啡植株共同争夺阳光、水分、养分等，从而影响咖啡植株生长，给咖啡采摘、咖啡树修剪等农事操作带来不便。

附图

圆叶矮牵牛

攀附咖啡树

九、鸭跖草科

（一）饭包草

饭包草（*Commelina bengalensis*），属鸭跖草科鸭跖草属多年生匍匐草本。

1. 分布　广泛分布于热带和亚热带地区。国内主要分布于云南、四川、广西等省份。

2. 形态特征

茎：上部直立，基部匍匐，被疏柔毛，匍匐茎的节上生根。

叶：具明显叶柄；叶片椭圆状卵形或卵形，长3～6.5cm，宽1.5～3.5cm；具明显叶柄；叶鞘和叶柄被短柔毛或疏长毛。

花：聚伞花序，不伸出苞片，花梗短，3个花瓣均为蓝色。总苞无柄或柄极短，苞片基部连合成漏斗状或风帽状。

果：蒴果，椭圆形，膜质，具5粒种子。

种子：长近0.2cm，有窝孔及皱纹，黑色。

3. 生物学特性　多年生草本，耐高温潮湿，分枝力强，蔓叶生长迅速。花期7～10月，果期11～12月。主要靠匍匐茎和种子繁殖。

4. 为害　在新定植咖啡园，饭包草密度高，生长迅速。5～7月，是该草生长盛期，新定植咖啡苗周围常常长满该草，与咖啡苗竞争养分和水分，对咖啡苗生长造成一定的影响。

附图

饭包草花   饭 包 草

（二）鸭跖草

鸭跖草（*Melina communis*），属鸭跖草科鸭跖草属一年生阔叶杂草。别名竹叶草、蝴蝶花等，是目前农田的主要恶性杂草之一。

1. 分布 国外分布于朝鲜、俄罗斯、北美各国、日本、越南，国内大部分地区均有分布，主要分布于东北、四川、云南（保山、临沧、普洱等地）。

2. 形态特征

茎：全草长至60cm，黄绿色，老茎略呈方形，表面光滑，具数条纵棱，直径约2mm，节膨大，基部节上常有须根。

叶：披针形至卵状披针形，长3～9cm，宽1.5～2cm。叶互生，皱缩成团。叶无柄或几乎无柄。

花：聚伞花序，花瓣下前方小的那片基本为白色，其余两花瓣为蓝色。总苞具较长柄，苞片基部不连合，展开呈心形。

果：蒴果椭圆形，长0.5～0.7cm，有种子4粒。

种子：长0.2～0.3cm，棕黄色，一端平截，腹面平，有不规则窝孔。

3. 生物学特性 一年生草本，花果期6～10月，种子及匍匐茎繁殖。适应性强，喜湿又耐旱，能在各种土壤中生长，在全光照或半阴环境下都能生长，常成优势群落或单一生长。

4. 为害 由于鸭跖草具有多次分蘖及着地节生根的特性，再生能力非常强。5～7月，鸭跖草处于生长盛期，密度高，布满整个咖啡行间株间，与咖啡争夺养分和水分，使咖啡的生长受到一定的影响。

附图

鸭跖草

主要参考文献

胡发广, 李荣福, 龙亚芹, 等. 2012. 云南小粒咖啡园杂草发生危害及防除 [J]. 杂草科学, 30 (2): 44-64.

浑之英, 袁立兵, 陈书龙. 2012. 农田杂草识别原色图谱 [M]. 北京: 中国农业出版社.

李扬汉. 1998. 中国杂草志 [M]. 北京: 中国农业出版社.

马奇祥, 赵永谦. 2005. 农田杂草识别与防除 [M]. 北京: 金盾出版社.

王枝荣. 1990. 中国农田杂草原色图谱 [M]. 北京: 中国农业出版社.

附录1

农药的科学使用

近年来，农作物病虫草害的发生与为害日趋加重，农药作为一种重要的生产资料，具有药效高、见效快、使用方便、使用范围广等特点，对农业保持稳产、丰产起到了很大作用，且现在生产上应用农药种类较多。因此，如何科学合理使用农药对农业增产增收具有重要意义。

一、农药的分类

农药的种类十分繁多，目前全世界共有几千个品种，我国也有几百种常用农药。农药分类的方法多种多样，可根据农药的用途及成分、防治对象、作用机理、化学成分等进行分类。以从生产实际、技术实用的角度，主要按照防治对象将农药分为杀虫剂、杀菌剂、杀螨剂、除草剂等。

（一）杀虫剂

是一类防治害虫的药剂，在农业生产中，使用量大，品种多。

1. 按照其来源将杀虫剂分为4类　植物性杀虫剂（如鱼藤酮、除虫菊酯等）、微生物杀虫剂（如苏云金杆菌、绿僵菌等）、无机杀虫剂和有机杀虫剂。有机杀虫剂又分为：①天然有机杀虫剂（如矿物油、植物油乳剂等）；②人工合成杀虫剂，包括有机氯类杀虫剂、有机磷类杀虫剂、氨基甲酸酯类杀虫剂、拟除虫菊酯类杀虫剂、有机氮类杀虫剂等。

2. 按照其作用方式或者效应主要分为以下8类

（1）**胃毒剂**　药剂通过昆虫取食而进入消化系统发生作用，使之中毒死亡，如乙酰甲胺磷等。

（2）**触杀剂**　药剂接触害虫后，通过昆虫的体壁或气门进入体内，使之中毒死亡，如毒死蜱、敌杀死等。

（3）**内吸剂**　指由植物根、茎、叶等部位吸收、传导到植株各部位，或由种子吸收后传导到幼苗，并能在植物体内储存一定时间而不妨碍植物生长，且被吸收传导到各部位的药量，足以使为害该部位的害虫中毒致死的药剂，如杀虫双等。

（4）**熏蒸剂**　指施用后，呈气态或气溶胶的生物活性成分，经昆虫气门进入体内引起

中毒的杀虫剂，如溴甲烷等。

（5）**拒食剂**　药剂能够影响害虫的正常生理功能，消除其食欲，使害虫饥饿而死，如印楝素等。

（6）**性诱剂**　药剂本身无毒或毒效很低，但可以将害虫引诱到一处，便于集中消灭。

（7）**驱避剂**　药剂本身无毒或毒效很低，但由于具有特殊气味或颜色，可以使害虫逃避而不来为害。

（8）**增效剂**　这类化合物本身无毒或毒效很低，但与其他杀虫剂混合后能提高防治效果，如雷力牌消抗液等。

（二）杀菌剂

对植物体内的真菌、细菌或病毒等具有杀灭或抑制作用，用以预防或防治作物的各种病害的药剂，称为杀菌剂。按其作用方式分为：

1.保护剂　在植物感病前施用，抑制病原孢子萌发，或杀死萌发的病原孢子，防止病菌侵入植物体内，以保护植物免受其害，如波尔多液、代森锌等。

2.治疗剂　在植物感病后施用，这类药剂可通过内吸进入植物体内，传导至未施药部位，抑制病菌在植物体内的扩展或消除其为害，如甲基硫菌灵、多菌灵、三唑酮等。

（三）杀线虫剂

指用来防治植物病原线虫的一类农药，施用方法多以土壤处理为主，如灭线磷等。

（四）除草剂

用以消灭或控制杂草生长的农药，称为除草剂，也称除莠剂。可从作用方式、施药部位、使用方法等来分类。

1.按杀灭方式分类

（1）**灭生除草剂（即非选择性除草剂）**　指在正常用药量下能将作物和杂草无选择地全部杀死的除草剂，如百草枯、草甘膦等。

（2）**选择性除草剂**　只能杀死杂草而不伤害作物，甚至只杀某一种或某类杂草的除草剂，如敌稗、乙草胺、丁草胺、烯禾啶等。

2.按作用方式分类

（1）**内吸性除草剂**　药剂可被植物根、茎、叶、芽鞘吸收，并在体内传导到其他部位而起作用，如西玛津、茅草枯等。

（2）**触杀性除草剂**　药剂与植物组织（叶、幼芽、根）接触即可发挥作用，药剂并不向他处移动，如百草枯、灭草松等。

3.按使用方法分类　可以分为茎叶处理剂和土壤封闭处理剂两类。

（五）杀螨剂

主要用来防治为害植物的螨类的药剂，常被列入杀虫剂来分类（不少杀虫剂对螨类有一定防效）。杀螨剂根据其化学成分分为有机氯杀螨剂、有机磷杀螨剂、有机锡杀螨剂等。

二、农药的主要剂型和施药方法

农药的原药一般不能直接使用，必须加工配制成各种类型的制剂才能使用。制剂的形态称剂型，剂型对于提高药剂效果、扩大药剂使用范围、提高安全性、减少环境污染等方面起着重要作用。商品农药都是以某种剂型的形式，销售到用户。我国目前使用最多的剂型是乳油、悬浮剂、可湿性粉剂等10余种剂型。

（一）常用的农药剂型

1. 粉剂（DP）　粉剂是农药制剂中产量最多、应用最广泛的一种剂型。粉剂容易制造和使用，用原药填料（滑石粉、黏土、高岭土、硅藻土、酸性白土等）按一定比例均匀混合、粉碎，使粉粒细度达到一定标准。常用于拌种、土壤处理、配制毒饵粒剂、喷粉等处理。使用方便，对植物安全。但是因受地面气流的影响，容易飘失，浪费药量，还会引起环境污染，影响人们身体健康。

2. 可湿性粉剂（WP）　可湿性粉剂是在粉剂的基础上发展起来的一个剂型，其性能优于粉剂。它是用农药原药和惰性填料及一定量的助剂（湿润剂、悬浮稳定剂、分散剂等）按比例充分混匀和粉碎后制成的粉状制剂。一般供喷雾使用，也可用于拌种、土壤处理等。黏附性好，而且药效也比同种原药的粉剂好。

3. 乳油（EC）　乳油是农药原药按比例溶解在有机溶剂中，加入一定量的专用乳化剂配制成的透制剂。乳油使用方便，加水稀释成一定比例的乳状液即可使用。乳油中含有乳化剂，有利于雾滴在农作物、虫体和病菌上黏附与展着。主要用作喷雾，效果比较好，持效期较长，药效好。但成本高，易产生药害，对作物污染大。

4. 颗粒剂（GR）　颗粒剂是由原药和载体如沙、黏土等混合制成的颗粒状制剂。主要用于土壤处理。该剂型残效大，用药量少，对人、畜、作物安全。

5. 水剂（AS）　水剂是将水溶性原药直接溶于水中制成的制剂，主要用于喷雾。成本低，不耐储存。

6. 可溶性粉剂（SP）　水溶剂是由水溶性农药原药和少量水溶性填料混合粉碎而成的水溶性粉剂。对于不溶于水的原药，加入水溶性无机盐、水溶性有机化合物，加水稀释即可喷雾。效果较好，但不耐储存。

7. 油剂（OL）　油剂是由原药加油质溶剂和助剂配制成的油状制剂。油剂没有加乳化剂，不能兑水使用，易引起药害。

（二）常用的施药方法

采用正确的施药方法，是提高施药质量的关键。常用的施药方法包括：

1. 喷雾法　是利用喷雾药械将液状使用的农药制剂，加水稀释后，喷洒到作物表面，形成药膜，达到防治病虫的目的。喷雾需要喷雾器、水源和良好的水质。

2. 喷粉法　是用喷粉器产生风力将农药粉剂喷撒到农作物表面。适于缺水地区，工效较高，但粉剂黏着力差，飘逸性强，防治效果一般不如喷雾法，易污染环境。

3.**撒施法** 适用于颗粒剂和毒土。制作毒土时，药剂为粉剂时，可直接与细土按一定份数混合均匀；液剂时，先将药剂加少量水稀释后，用喷雾器喷到细土上拌匀。撒毒土防治植株上的害虫应在露水未干时进行，防治地下害虫应在露水干后进行。对剧毒农药，不能做成毒土撒施。

4.**拌种法** 将一定量的农药按比例与种子混合拌匀后播种，可预防附带在种子上的病菌和地下害虫及苗期病害。

5.**浸种法** 利用一定浓度的药液浸渍种子的方法，一般应用的农药为可溶性粉剂和乳油，用于防治附带在种子苗木上的病菌。浸渍种苗要严格掌握药液浓度、温度、浸渍时间，以免产生药害。

6.**毒饵法** 将具有胃毒作用的农药与害虫喜食的饵料，施于地面。

7.**熏蒸法** 是利用具有挥发性的农药产生的毒气防治病虫害，主要用于土壤等场所的病虫害防治。

8.**涂抹法** 将具有内吸性的农药配制成高浓度的药液，涂抹在植物的茎、叶、生长点等部位，主要用于防治具有刺吸式口器的害虫和钻蛀性害虫，也可施用具有一定渗透力的杀菌剂来防治病虫害。

9.**土壤处理法** 结合耕翻，将农药利用喷雾、喷粉或撒施的方法施于地面，再翻入土层，主要用于防治地下害虫、线虫、土传性病害和土壤中的虫、蛹，也用于内吸剂施药，由根部吸收，传导到作物的地上部分，防治地面上的害虫和病菌。

三、农药的合理使用

农药虽然是防治病虫草害的武器，由于不正确使用农药或使用农药不合理，每年都有大量的药害事故发生，只有正确使用才能达到经济、安全、高效的目的市场上可选购的农药种类很多，农户文化水平偏低，农药专业知识较少，往往盲目使用农药，因此经常造成药害事故；其次部分农户，在使用农药时，贪图省事，经常擅自"复配"农药，使药剂效果降低或无效，有的甚至产生意想不到的药害；施药方式与农药类型不对应；擅增农药用量。农户在农田用药时，由于没有计量工具，常私自增加药剂用量，认为"浓度越高，效果越好"，造成污染残留、病虫抗性增强等一系列问题。因此，只有经济、安全、有效地使用农药，才能有效地防控病虫草害，确保作物正常生长。要合理使用农药，必须做到以下几点：

1.**掌握农药性能，选准剂型，对症下药** 农作物病虫草害种类很多，每种农药及其不同剂型农药都有自己的特点和适宜防治的对象，药剂有效成分不同，对病虫草害的作用效果也不一样。因此，在生产实践中，使用某一种农药时，必须全面了解该农药的性能和具体防治对象，才能选择安全、有效、经济的药剂，做到对症下药，充分发挥药剂的防治效果。如杀虫剂中胃毒剂则对咀嚼式口器害虫有效；内吸剂一般只对刺吸式口器害虫有效；触杀剂对各种口器害虫都有效；熏蒸剂只能在保护地密闭后使用，露地使用效果不好；防治真菌病害的杀菌剂对细菌病害效果不好，防治低等真菌病害的杀菌剂对高等真菌病害效果也较差。同时还要注意选用合适的药剂剂型。同种农药的不同剂型，其防治效果也有差别。通常乳油最好，可湿性粉剂次之，粉剂最差。保护地内使用粉尘剂或烟剂效果较好。

2. **掌握病虫草害发生规律和自然气候条件，实时用药**　只有根据病虫草害发生规律，掌握田间实际发生动态，达到防治指标才可用药，要掌握防治关键时机。各种有害生物防治适期不同，同一种有害生物在不同的作物上为害，防治适期也有区别，使用不同药剂防治某种病虫草害的防治适期也不一样。如防治鳞翅目幼虫一般在三龄前，其他多种害虫都应在低龄期施药；保护性预防药剂必须在发病初期或前期用药；治疗性药剂用药也不能太晚。气象条件对施药效果影响很大，因此要根据气象条件合理施药。

3. **准确掌握农药用量，提高防治药效**　药剂的浓度和用量不能任意增减，施药次数要根据病虫害发生的具体情况和药剂的残效期决定。准确掌握农药适宜的施用量是防治病虫草害的重要环节，一定要按农药使用说明书量取农药施用量，使用浓度和单位面积用药量务必准确。尽管某些农药在一定范围内，浓度高些，单位面积用药量大些，药效会高些，但是超过限度，防治效果并不按比例提高，有些反而下降，不仅造成浪费，而且会出现药害，增加环境污染；农药用量过低，又影响防治效果，诱发病虫害的抗药性。因此，量取药剂决不能粗略估计，必须将施药面积、施药量和用水量准确计量。而且还应针对不同防治对象、为害特点，药剂品种、剂型特性，采用不同防治对策，重点掌握施药部位。

4. **准确掌握农药使用方法，保证施药质量**　采用正确的农药使用方法，不仅可以充分发挥农药的防治效果，而且能避免或减少杀伤有益生物、作物药害和农药残留。农药种类和剂型不同，使用方法也不同。如可湿性粉剂不能用于喷粉，粉尘剂不可用于喷雾，胃毒剂不能用于涂抹，内吸剂一般不宜制毒饵。施药要保证质量，喷雾做到细致均匀，使用烟剂必须保持棚室密闭，施用粉尘一定要避开阳光较强的中午。

5. **合理选择农药，防止产生药害**　农药使用不当会使作物产生药害，必须掌握农药对作物生产的利弊，才能充分发挥农药的防效。应该尽量选择高效、低毒、低残留农药，以确保人畜安全。

6. **多种农药轮换使用，避免产生抗药性**　长期连续使用某一种农药防治某一种病虫，经过一定时间病虫就会产生抗药性，要防止或延缓抗药性产生，必须经常轮换或混合使用不同类型的农药。更为重要的应实行农业、化学、生物、物理等综合防治方法。

7. **根据天气情况，科学、正确施用农药**　一般应在无风或微风天气施用农药，同时注意气温变化。气温低时，多数有机磷农药效果较差；气温太高，容易出现药害。多数药剂应避免中午施用。刮风下雨会使药剂流失，降低药效，因此最好使用内吸剂，其次使用乳剂。

四、农药的混合使用

农药混合使用，能够防治同时发生在作物上的多种病虫害，使一次用药收到多种效果，以节省劳力、机械和时间，是经济用药的重要措施。有些农药混合后，由于化学作用而改变药剂性质产生增效作用，彼此取长补短，充分发挥各种药剂的特长，以提高防治效果，同时还能防止病虫产生抗药性，但是农药的混用不能盲目，应遵循以下科学原则：

（一）混用的农药不能起化学变化

（1）有机磷类、氨基甲酸酯类、菊酯类杀虫剂和二硫化氨基甲酸衍生物杀菌剂（福美双、代森锌、代森锰锌等）碱性条件下会分解，不能与碱性农药混用。

（2）大多数有机硫杀菌剂对酸性反应比较敏感，混用时要慎重。如双效灵（即氨基酸铜）遇酸就会分解析出铜离子，很容易产生药害。

（3）一些农药不能和含金属离子的药物混用，如甲基托布津、二硫化氨基甲酸盐类杀菌剂等不宜与铜制剂混用。

（4）化学变化会对作物造成药害的不能混用，如石硫合剂与波尔多液混用，二硫代氨基甲酸盐类杀菌剂与铜制剂混用，福美双、代森环类杀菌剂和碱性药物混用，会生成对作物产生严重药害的物质。

（二）混用的农药物理性状应保持不变

混用农药时要注意不同成分的物理性状是否改变，防止产生药害。混合后产生分层、絮结和沉淀的农药不能混用；出现乳剂破坏，悬浮率降低甚至有结晶析出的也不能混用。乳油和水剂混用时，可先配水剂药液，再用水剂药液配制乳油药液。一些酸性且含有大量无机盐的水剂农药与乳油农药混用时会有破乳现象，要禁止混用。有机磷可湿性粉剂和其他可湿性粉剂混用时，悬浮率会下降，药效降低，容易造成药害，不宜混用。

（三）混用的农药不能提高毒性

农药混用可能比单一用药的效果好，但是，它们的毒性也可能会增加。如马拉硫磷是低毒的有机磷杀虫剂，与敌敌畏、敌百虫、苯硫磷或异稻瘟净混用，乐果与稻瘟净、异稻瘟净混用，对一些害虫有明显增效作用，但同时也增加了对人畜的毒性，因此不能混用。

（四）混用农药应具有不同作用机理或不同防治对象

使用马拉硫磷乳油和井冈霉素水剂混合配方施药，可防虫又可防病；除草剂农得时和丁草胺或乙草胺等混用，可扩大杀草谱。另外，还有无杀卵活性的杀虫剂与有杀卵活性的杀虫剂混用；保护性与内吸性杀菌剂混用等。

总的来说，农药混用要谨慎，特别是对一些强酸、强碱的农药更要注意，以免降低药效和造成药害。因此，在使用农药前要详细看一下标签，先了解这些药剂的理化性质、作用特点以及生物活性等，然后通过田间应用试验，最后才能大面积使用，绝不能滥混滥用。

五、农药安全使用规定

施用化学农药，防治病虫草鼠害，是夺取农业丰收的重要措施。如果使用不当，也会污染环境和农畜产品，造成人畜中毒或死亡。为了保证安全生产，应注意以下规定：

1. 熟悉各种农药的毒性和使用范围　不同毒性的农药，对人畜安全影响很大。一般高毒农药只要接触极少量就会引起中毒或死亡。中、低毒农药虽较高毒农药的毒性为低，但接触多，抢救不及时也会造成死亡。因此，使用农药必须注意经济和安全。严格按《农药安全使用标准》要求执行。

2. 农药的购买、运输和保管

（1）农药由使用单位指定专人凭证购买。买农药时必须注意农药的包装，防止破漏。注意农药的品名、有效成分含量、出厂日期、使用说明等，鉴别不清和质量失效的农药不得使用。

（2）运输农药时，应先检查包装是否完整，发现有渗漏、破裂的，应用规定的材料重新包装后运输，并及时妥善处理被污染的地面、运输工具和包装材料。搬运农药时要轻拿轻放。

（3）农药不得与粮食、蔬菜、瓜果、食品、日用品等混载、混放。

（4）农药应设专用库、专用柜和专人保管，不能分户保存。

（5）农药进出仓库应建立登记手续，不得随意存取。

3. 农药使用中的注意事项

（1）配药时，配药人员要戴胶皮手套，必须用量具按照规定的剂量称取药液或药粉，不得任意增加用量。严禁用手拌药。

（2）拌种要用工具搅拌，用多少，拌多少，拌过药的种子应尽量用机具播种。如手撒或点种时必须戴防护手套，以防皮肤吸收中毒。剩余的毒种应销毁，不得用作口粮或饲料。

（3）配药和拌种应选择远离饮用水源、居民点的安全地方，要有专人看管，严防农药、毒种丢失或被人、畜、家禽误食。

（4）使用手动喷雾器喷药时应隔行喷。手动和机动药械均不能左右两边同时喷。大风和中午高温时应停止喷药。药桶内药液不能装得过满，以免晃出桶外，污染施药人员的身体。

（5）喷药前应仔细检查药械的开关、接头、喷头等处螺丝是否拧紧，药桶有无渗漏，以免漏药污染。喷药过程中如发生堵塞时，应先用清水冲洗后再排除故障。绝对禁止用嘴吹吸喷头和滤网。

（6）施用过高毒农药的地方要竖立标志，在一定时间内禁止放牧、割草、挖野菜，以防人畜中毒。

（7）用药工作结束后，要及时将喷雾器清洗干净，连同剩余药剂一起交回仓库保管，不得带回家去。清洗药械的污水应选择安全地点妥善处理，不得随地泼洒，防止污染饮用水源和养鱼池塘。盛过农药的包装物品，不得用于盛放粮食、油、酒、水等食品和饲料。装过农药的空箱、瓶、袋等要集中处理。浸种用过的水缸要洗净集中保管。

4. 施药人员的选择和个人防护

（1）施药人员由生产队选拔工作认真负责、身体健康的青壮年担任，并应经过一定的技术培训。

（2）凡体弱多病者，患皮肤病和农药中毒及其他疾病尚未恢复健康者，哺乳期、孕期、经期的妇女，皮肤损伤未愈者不得喷药或暂停喷药。喷药时不得带儿童到作业地点。

（3）施药人员在打药期间不得饮酒。

（4）施药人员打药时必须戴防毒口罩，穿长袖上衣、长裤和鞋、袜。在操作时禁止吸烟、喝水、吃东西，不能用手擦嘴、脸、眼睛，绝对不准互相喷射嬉闹。每日工作后喝水、抽烟、吃东西之前要用肥皂彻底清洗手、脸和漱口。有条件的应洗澡。被农药污染的工作服要及时换洗。

（5）施药人员每天喷药时间一般不得超过6h。使用背负式机动药械，要两人轮换操作。连续施药3～5d后应停休1d。

（6）操作人员如有头痛、头昏、恶心、呕吐等症状时，应立即离开施药现场，脱去污染的衣服，漱口，擦洗手、脸和皮肤等暴露部位，及时送医院治疗。

六、农药中毒及急救

人们在生产、运输、储存、销售和使用过程中由于操作及安全防护不当，农药通过皮肤、呼吸道或消化道进入人体达到一定的量，引起全身或局部的不良反应，使正常生理功能受到影响，出现病理改变等系列中毒现象而造成生产性农药中毒，或人们有意或无意吞食了农药而导致非生产性农药中毒。无论发生何种农药中毒事件，救援者要保持冷静，迅速对患者采取现场急救措施，常见农药的中毒与抢救方法如下：

（一）去除农药污染源

去除农药污染源，防止农药继续进入体内，是急救措施的重要原则。对经皮、经口、吸入不同途径的中毒者要采取不同措施。

1. 经皮中毒　立即脱去被农药污染的衣服，迅速用大量清水或肥皂水（敌百虫除外）或4%碳酸氢钠溶液冲洗皮肤；若眼睛内进入农药，立即用生理盐水冲洗20次，然后滴入2%可的松和0.25%氯霉素眼药水，疼痛加剧者可滴入1%~2%普鲁卡因溶液。

2. 吸入中毒　立即将中毒者带离现场，到空气新鲜的地方，解开衣领、腰带、保持呼吸畅通，去除假牙，注意保暖，严重者送医院抢救。

3. 经口中毒　对经口中毒者应及早引吐、洗胃、导泻或对症使用解毒剂。

（1）引吐　引吐是排除毒物很重要的措施，有以下几种方法：

①先给中毒者喝200~400mL水，然后用干净的手指或筷子刺激咽喉部引起呕吐。

②用1%硫酸铜液每5min一匙，连用3次。

③用浓食盐水、肥皂水引吐。

④用中药胆矾3g、瓜蒂3g研成细末一次冲服。

⑤砷中毒用鲜羊血引吐。

注意：引吐必须在人神志清醒时采用，人昏迷时绝不能采用，以免因呕吐物进入气管造成危险。呕吐物应留下以备检验用。

（2）洗胃　引吐后应尽早、尽快、彻底地进行洗胃，这是减少毒物在人体内存留的有效措施，洗胃前要去除假牙，根据不同农药采用不同的洗胃液。

注意：①若神志清醒者，自服洗胃液，神智不清醒者，应先插上气管导管，以保持呼吸畅通，要防止胃内物倒流入气管，呼吸停止时，可进行人工呼吸抢救。②抽搐者应在控制抽搐后再行洗胃。③误服腐蚀性农药不宜洗胃，引吐后口服蛋清、氢氧化铝及牛奶等以保护胃黏膜。④最严重的中毒者不能插胃管，只能用手术剖腹造屡洗胃，这在万不得已时才采用。

（3）导泻　毒物已进入肠道内，只有用导泻的办法清除，导泻一般不用油类泻药，尤其是以苯作溶剂的农药，可用硫酸钠或硫酸镁30g加水200mL一次服用，再多饮水加快导泻。有机磷农药重度中毒，呼吸道受到抑制时，不能用硫酸镁，以免大量吸收镁离子加重呼吸抑制。

（二）及早排出已吸收的农药和代谢物

可采用吸氧、输液、透析等办法。

1. 吸氧　气体或蒸汽状态的农药引起的中毒，吸氧后可促使毒物从呼吸道排出。

2. 输液　在无肺、脑水肿、心力衰竭的情况下，可输入5%~10%葡萄糖盐水以促进农药及代谢物从肾脏排出。

3. 透析　采用结肠、腹膜、肾透析等办法排出。

七、农药的常用计算法

1. 按有效成分计算

（1）计算稀释剂用量

① 稀释100倍以下。

$$稀释剂用量 = \frac{原药剂重量 \times （原药剂浓度 - 所配药剂浓度）}{所配药剂浓度}$$

例：用40%福尔马林（甲醛水）5kg，要配成5%药液，需加多少千克水？

解：
$$\frac{5 \times （40\% - 5\%）}{5\%} = 35（kg）$$

② 稀释100倍以上。

$$稀释剂用量 = \frac{原药剂重量 \times 原药剂浓度}{所配剂浓度}$$

例：用含量为5%的2,4-滴 1g稀释成20mg/kg的药液，需加多少千克水？

解：
$$5\% = 50000mg/kg$$

需加水：
$$\frac{1 \times 50000}{20} = 2500（g） = 2.5（kg）$$

（2）计算原药用量

$$原药用量 = \frac{所配药剂重量 \times 所配药剂浓度}{原药浓度}$$

例：要配20mg/kg的2,4-滴药液2.5kg（2 500g），需用5%（50 000mg/kg）的2,4-滴多少克？

解：
$$原药用量 = \frac{2500 \times 20}{50000} = 1（g）$$

2. 按倍数法计算（即不考虑原药剂有效成分含量）

（1）计算稀释剂用量

$$稀释剂用量 = 原药重量 \times 稀释倍数 - 原药重量$$

例：用0.5kg食盐配成20倍液食盐水（5%食盐水），需加水多少千克？

解：
$$需加水 = 0.5 \times 20 - 0.5 = 9.5（kg）$$

（2）计算原药用量

$$原药用量 = \frac{所配药剂重量}{稀释倍数}$$

例：配制48kg的百菌清800倍液，需百菌清多少千克？

解：
$$\frac{48}{800} = 0.06 \quad (kg)$$

（3）求稀释倍数

$$稀释倍数 = \frac{所配药剂重量（或原浓度）}{原药剂重量（或所配药剂浓度）}$$

例：用25%甲霜灵0.5kg兑水400kg，求稀释倍数？

解：
$$\frac{400}{0.5} = 800 \quad （倍）$$

3. 不同浓度表示法间的互相换算

（1）倍数法与百分浓度之间的换算

$$百分浓度（\%） = \frac{原药剂浓度}{稀释倍数} \times 100\%$$

例：用50%多菌灵可湿性粉剂500倍液防治病害，问含多菌灵有效成分的百分浓度？

解：
$$百分浓度 = \frac{0.5}{500} \times 100\% = 10\%$$

（2）百分浓度（%）与百万分浓度（mg/kg）之间换算：

$$百万分浓度（mg/kg） = 百分浓度（\%） \times 1000000 （100万）$$

例1：5% 2, 4-滴是多少毫克/千克？

解：
$$5\% = 0.05$$
$$0.05 \times 1000000 = 50000 \quad （mg/kg）$$

例2：2.5%敌杀死稀释多少倍配成5mg/kg液？

解：
$$2.5\% = 0.025 \times 1000000 = 25000 \quad （mg/kg）$$
$$\frac{25000mg/kg}{5mg/kg} = 5000$$

即将2.5%敌杀死稀释5 000倍即可得到5mg/kg液。

例3：48%乐斯本乳油配成1 500倍液30kg，问需要多少毫升乐斯本乳油？

解：
$$原药剂用量 = \frac{所配药剂重量}{稀释倍数} = \frac{30 \times 1000}{1500} = 20 \quad （mL）$$

即需加入20mL48%乐斯本乳油即可配成1 500倍液30kg。

（3）毫克／千克怎样换算成倍数？

方法是：百分数除以毫克/千克数，小数点后移4位。

如2.5%的敌杀死配成5mg/kg施用，用倍数表示为：2.5/5=0.5，0.5×10000=5000（倍）。

农药在使用时一般都要进行稀释，配制成所需浓度，因此就要先精确地计算用药量或稀释浓度，然后再配置。

我国禁止和限制使用的农药

一、禁止生产销售和使用的农药名单（33种）

六六六，滴滴涕，毒杀芬，二溴氯丙烷，杀虫脒，二溴乙烷，除草醚，艾氏剂，狄氏剂，汞制剂，砷、铅类，敌枯双，氟乙酰胺，甘氟，毒鼠强，氟乙酸钠，毒鼠硅，甲胺磷，甲基对硫磷，对硫磷，久效磷，磷胺，苯线磷，地虫硫磷，甲基硫环磷，磷化钙，磷化镁，磷化锌，硫线磷，蝇毒磷，治螟磷，特丁硫磷。

其中，苯线磷、地虫硫磷、甲基硫环磷、磷化钙、磷化镁、磷化锌、硫线磷、蝇毒磷、治螟磷、特丁硫磷，自2011年10月31日停止生产，2013年10月31日起停止销售和使用。2013年10月31日之前禁止苯线磷、地虫硫磷、甲基硫环磷、硫线磷、蝇毒磷、治螟磷、特丁硫磷在蔬菜、果树、茶树、中草药材上使用；禁止特丁硫磷在甘蔗上使用。

二、在蔬菜、果树、茶树、中草药材上不得使用和限制使用的农药（17种）

禁止甲拌磷、甲基异柳磷、内吸磷、克百威、涕灭威、灭线磷、硫环磷、氯唑磷在蔬菜、果树、茶树和中草药材上使用；禁止氧乐果在甘蓝和柑橘树上使用；禁止三氯杀螨醇和氰戊菊酯在茶树上使用；禁止丁酰肼（比久）在花生上使用；禁止水胺硫磷在柑橘树上使用；禁止灭多威在柑橘树、苹果树、茶树和十字花科蔬菜上使用；禁止硫丹在苹果树和茶树上使用；禁止溴甲烷在草莓和黄瓜上使用；除卫生用、玉米等部分旱田种子包衣剂外，禁止氟虫腈在其他方面使用。按照《农药管理条例》规定，任何农药产品都不得超出农药登记批准的使用范围使用。

三、农业部对7种农药采取进一步禁限用管理措施（农业部公告 第2032号）

为保障农业生产安全、农产品质量安全和生态环境安全，维护人民生命安全和健康，

根据《农药管理条例》的有关规定，经全国农药登记评审委员会审议，决定对氯磺隆、胺苯磺隆、甲磺隆、福美胂、福美甲胂、毒死蜱和三唑磷等7种农药采取进一步禁限用管理措施。现将有关事项公告如下。

1. 自2013年12月31日起，撤销氯磺隆（包括原药、单剂和复配制剂，下同）的农药登记证，自2015年12月31日起，禁止氯磺隆在国内销售和使用。

2. 自2013年12月31日起，撤销胺苯磺隆单剂产品登记证，自2015年12月31日起，禁止胺苯磺隆单剂产品在国内销售和使用；自2015年7月1日起撤销胺苯磺隆原药和复配制剂产品登记证，自2017年7月1日起，禁止胺苯磺隆复配制剂产品在国内销售和使用。

3. 自2013年12月31日起，撤销甲磺隆单剂产品登记证，自2015年12月31日起，禁止甲磺隆单剂产品在国内销售和使用；自2015年7月1日起撤销甲磺隆原药和复配制剂产品登记证，自2017年7月1日起，禁止甲磺隆复配制剂产品在国内销售和使用；保留甲磺隆的出口境外使用登记，企业可在2015年7月1日前，申请将现有登记变更为出口境外使用登记。

4. 自本公告发布之日，停止受理福美胂和福美甲胂的农药登记申请，停止批准福美胂和福美甲胂的新增农药登记证；自2013年12月31日起，撤销福美胂和福美甲胂的农药登记证，自2015年12月31日起，禁止福美胂和福美甲胂在国内销售和使用。

5. 自本公告发布之日起，停止受理毒死蜱和三唑磷在蔬菜上的登记申请，停止批准毒死蜱和三唑磷在蔬菜上的新增登记；自2014年12月31日起，撤销毒死蜱和三唑磷在蔬菜上的登记，自2016年12月31日起，禁止毒死蜱和三唑磷在蔬菜上使用。

防治咖啡常见病虫害低毒农药清单

	防治对象	可选用的低毒类农药	有效成分（英文名）	须停止使用农药
苗期	播种前浸种 立枯病 镰刀菌	多菌灵 敌克松 可杀得 萎锈灵 铜大师/氧化亚铜 代森铵	carbendazim dexon cocide carboxin cuprousoxide amobam	甲基硫菌灵 代森锌
根部	根结线虫	敌克松	dexon	呋喃丹
枝叶茎部	锈病	波尔多液 氧化亚铜可湿性粉剂 氢氧化铜可湿性粉剂 氧化萎锈灵 硫黄悬浮剂 可杀得 代森铵	bordeaux mixture copper（I）oxide cuprous hydroxide oxycarboxin sulfur cocide ambam	氧化粉锈宁 三唑酮 粉锈星丹 代森锌 代森锰锌
	炭疽病	波尔多液 氧化亚铜可湿性粉剂 氧化铜 氢氧化铜	bordeaux mixture copper（I）oxide copper oxide cuprous hydroxide	代森锰锌 百菌清
	褐斑病	波尔多液 多菌灵 氧化亚铜可湿性粉剂	bordeaux mixture carbendazim copper（I）oxide	敌菌丹 苯菌特
	美洲叶斑病	克啉菌	tridemorph	百理通 三唑酮
	枝条回枯 无病状寒害	波尔多液 氢氧化铜可湿性粉剂 链霉素可湿性粉剂	bordeaux mixture cuprous hydroxide streptomycin	
虫害	根粉蚧 绿蚧 盔蚧 吹绵蚧 广白盾蚧	甲维盐 噻虫嗪 阿维菌素 吡虫啉 鱼藤酮 乙酰甲胺磷 杀虫双 扑虱灵 苦参碱 氯氰菊酯	emamectin benzoate thiamethoxam avennectins imidacloprid rotenone acephate dimehypo buprotezin matrine cypermethrin	马拉硫磷 噻硫磷 毒死蜱 杀扑磷

(续)

	防治对象	可选用的低毒类农药	有效成分（英文名）	须停止使用农药
虫害	咖啡木蠹蛾	高效氯氰菊酯 （不含zeta氯氰菊酯） 联苯菊酯 乙酰甲胺磷 乐果	cypermethrin （non zeta cypermethrin） biphenthrin acephate rogor	敌敌畏 毒死蜱
	咖啡透翅天蛾	杀螟杆菌 敌百虫 苏云金杆菌	shaming ganjun dipterex bacillus thuringiensis	敌敌畏 氰戊菊酯
	天牛类	氯氰菊酯 虫线清 白僵菌 乐果 敌百虫	cypermethrin chongxianqing beauveriabassiana rogor trichlorphon	毒死蜱 敌敌畏 速灭杀 辛硫磷
	咖啡黑（枝）小蠹 咖啡果小蠹	波尔多液 虫螨磷	cypermethrin actellic	硫丹 毒死蜱 马拉硫磷 杀螟松